立体写真館②

新装改訂版

ハッブル宇宙望遠鏡で見る

驚異の宇宙

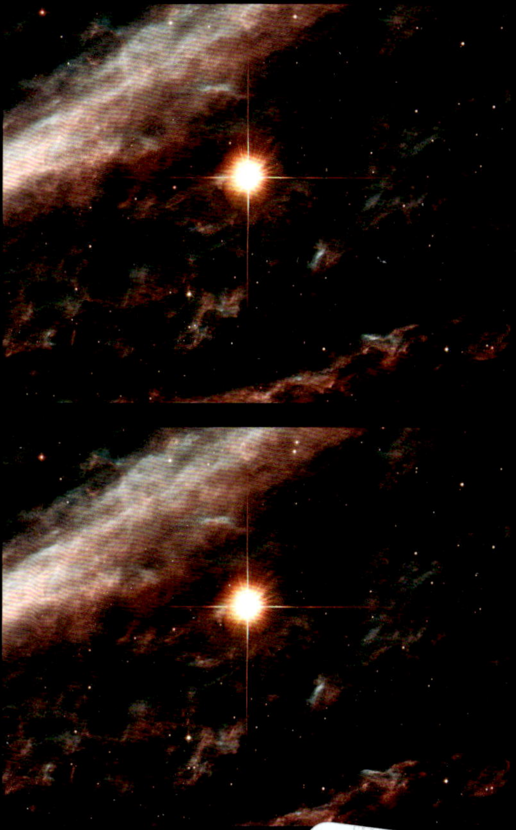

伊中 明

技術評論社

本書の使い方

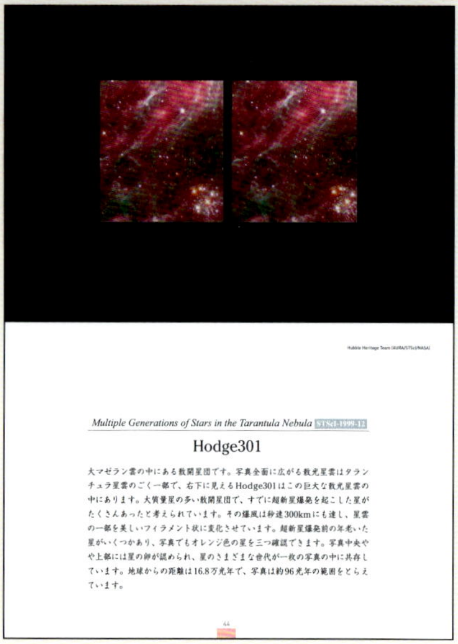
Hubble Heritage Team (AURA/STScI/NASA)

Multiple Generations of Stars in the Tarantula Nebula STScI-1999-12

Hodge301

大マゼラン雲の中にある散開星団です。写真全面に広がる散光星雲はタランチュラ星雲のごく一部で、右下に見えるHodge301はこの巨大な散光星雲の中にあります。大質量星の多い散開星団で、すでに超新星爆発を起こした星がたくさんあったと考えられています。その爆風は秒速300kmにも達し、星雲の一部を美しいフィラメント状に変化させています。超新星爆発前の年老いた星がいくつかあり、写真でもオレンジ色の星を三つ確認できます。写真中央やや上部には星の卵が認められ、星のさまざまな世代が一枚の写真の中に共存しています。地球からの距離は16.8万光年で、写真は約96光年の範囲をとらえています。

44

立体写真を鑑賞するときは、本書を90度左に回転させて、左図のように上下の方向に置いて使用してください。上のページに立体写真、下のページに天体の解説があります。

●本書の立体写真について

人間は左右の目でものを見て、立体感や距離感を脳で判断します。この左右の視差（目幅）を利用して、異なる角度から2台のカメラで撮影し、立体感を表したのが通常の立体写真です。
ところが天体写真の場合は、地球からでは視差がでません。本書掲載写真は、ハッブル宇宙望遠鏡の撮影した1枚の天体写真から、画像処理により左右それぞれの写真を制作したものです。

ご注意

長時間、とくに平行法での立体視は、目や頭に違和感や痛みを覚える場合があります。万一、そのような場合には、すみやかに立体視を中止してください。
また、レンズで絶対に太陽を見ないでください。

●立体写真の見方

本書では、裸眼立体視が不得意なかたでも簡単に立体視ができるように、表紙に特製3Dメガネを添付してあります。目とレンズの位置、レンズと紙面の位置を調整してご鑑賞ください。また、本書掲載写真は、レンズを使わない裸眼立体視（平行法）でも鑑賞可能です。立体視の得意不得意は個人によって差がありますが、練習すればだんだんと見えるようになります。巻頭ページのペンシル星雲の写真を例に、立体写真の見方を説明しておきましょう。

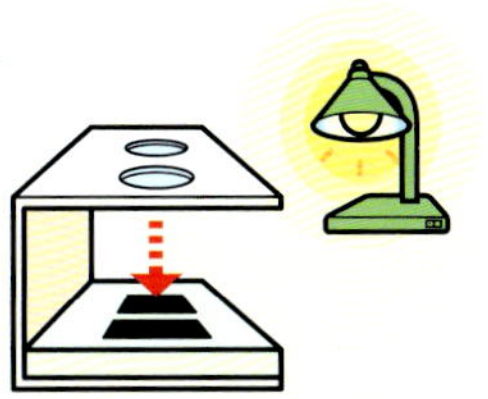

① 表紙を写真に対して直角に立て、レンズがペンシル星雲の写真の真上に来るように調整します。このとき、前方に光源をおいて写真面を明るくすると、より見やすくなります。メガネ・コンタクトレンズなどは、ご使用のままご覧ください。

② 両目でレンズをのぞきます。ペンシル星雲の写真下にある左右の⊕マークが一つに重なるように、目の焦点を合わせていきます。⊕マークが一つに重なると、写真が立体に見えます。

それでも見えにくい場合は、

- 目をレンズから10cmくらい離し、そのままレンズにゆっくりと近づけていく
- 50cmくらい前方を見てから、そのままの焦点でレンズを通して写真を見る

などのやりかたを試してみてください。

巻頭ページの写真で何度か練習したら、本文の写真をご鑑賞ください。本文中の写真には、⊕マークは付いていませんが、立体視のコツをつかめばもう大丈夫です。それでも見えにくい場合は、

比較的見やすい119ページ「Hoag's Object」などの写真で練習してから、ほかの写真をご鑑賞ください。きっと、すばらしい立体写真を楽しむことができることでしょう。

●写真の立体感

写真の立体感は、天体の特徴を考慮しながら著者が創作したもので、天体の立体構造を正確に表現したものでもなければ、遠近感を定量的に描写したものでもありません。なお、天の川銀河外の天体写真の場合、天の川銀河外の天体と天の川銀河中の星とを同じ土俵で立体表現することは、現実の立体感とあまりにかけ離れてしまうため、後者（と思われるもの）に対しては紙面の手前にとびでて見えるように表現しました。

●解説ページについて

・おもにHubble site（http://hubblesite.org/）の解説を参考にし、著者による感想や解釈を付け加えました。
・STScI(Space Telescope Science Institute）によるリリース番号（STScI）と、HEIC(The Hubble European Space Agency Information Centre）によるリリース番号（heicまたはpotw）を掲載しました。より詳細、正確かつ客観的な解説は、両サイトでご覧いただけます。
・オリジナル写真の著作権者を表示しました。

はじめに

Introduction

人類は好奇心を満たすことで知識を深めてきました。数学を発見し科学を組み立て、20世紀後半にはテクノロジーを急速に発展させ、かつては哲学の領域であった命題 ～宇宙の始まりと終局～ について科学的に考察するまで進化しました。

「宇宙は何歳なんだろう？」

この疑問のヒントを得るために生まれたハッブル宇宙望遠鏡(Hubble Space Telescope)、HSTは革命的なその視力で、私たちに宇宙の真実を教えてくれています。
星の誕生と死、銀河の進化・・・その幻想的で驚きに満ちあふれた写真の数々は、「科学的に重要なデータ」であるだけでなく、価値観や宗教の違いを越えた人類共通の美術資産とも言えるでしょう。

「この資産に付加価値を付けたい」
「もっと楽しくしてみたい」

画像処理により天体の立体写真を創作していた私にとって、これはごく当然の、そしてこの上もなく楽しいチャレンジでした。
薄い紙に印刷されたこれらの立体写真が、みなさんにとって宇宙へ誘う、そして好奇心を膨らます扉になってくれたなら嬉しいかぎりです。

2004年　初春
伊中《いなか》　明《あきら》

海外からのコメント

Since the inception of the Hubble Heritage Project in October 1998, Akira Inaka has been creating lively 3D images from the two dimensional Heritage digital releases. Every once in a while, the team receives a package from Tokyo, with his latest slides. It is awe inspiring to see our space images through yet another dimension.

http://heritage.stsci.edu/commonpages/art/other/3Dviewers.html

—— Hubble Heritage Project Team

Beyond the science, each stereo image stands alone as a work of art. It's a new way to see the stars, and once you see them in this manner, you won't think of the sky in the same way again.

—— Stephen James O'Meara (Sky and Telescope magazine)

新装改訂版によせて

HSTで撮影された写真は、地上のどんな大望遠鏡によるものと比べても圧倒的に美しく鮮明です。

「これこそ究極の天体写真だ！これ以上の写真は存在しないっ！」

私にとって『究極の天体写真』である保証は、時間のかかる画像処理を安心して行う原動力でした。

「究極のM15の立体写真ができたっ！これでM15は卒業っ！別の天体を画像処理しよ〜っと」

いろいろな天体の立体写真を作ろうと思っていた私にとって、HSTの写真は効率的に目的を達成できる素材でもあったのです。

「なななんじゃ〜！このM15はっ！凄げぇ〜っっ！」

M15の立体写真が完成して数年後、ハッブルから新たにリリースされたM15は、昔の『究極のM15』とは比べ物にならないほど素晴らしいものでした。CCDカメラの飛躍的な性能アップにより、同じ光学系でありながら、HSTの性能は全く別物と言える程進化したのです。

「……M15の立体写真……(;_;)作り直そう」

初版で掲載した天体のいくつかは、HSTの新しいカメラでも再度撮影されていて、改訂版ではそれらを差し替え、あわせて一部の天体を新しいカメラによる別の天体に変更しました。初版より美しく、より神秘的な3D宇宙をご堪能ください。

2017年　冬

伊中《いなか》　明《あきら》

もくじ

Contents

星の誕生と成長

12 IC2944中にあるグロビュール
14 馬頭星雲
16 コーン星雲（NGC2264）
18 キーホール星雲
20 Herbig Haro 47
22 Herbig Haro 32
24 三裂星雲（M20）
26 オメガ星雲（M17）
28 ハッブルの変光星雲（NGC2261）
30 NGC1999
32 ゴーストヘッド星雲（NGC2080）
34 NGC2467
36 オリオン座LL付近
38 N30B
40 N83B
42 N81
44 Hodge301
46 M15
48 NGC1850
50 いっかくじゅう座V838
52 NGC3603

星の死とその残骸

56 ゴメスのハンバーガー
58 エッグ星雲（CRL2688）
60 NGC2440
62 リング星雲（M57）
64 NGC3132
66 らせん星雲（NGC7293）
68 網膜星雲（IC4406）
70 小さな幽霊星雲（NGC6369）
72 NGC6751
74 エスキモー星雲（NGC2392）
76 あれい星雲（M27）中心部
78 超新星1987A
80 カシオペヤ座A
82 かに星雲（M1）中心部
84 ペンシル星雲（NGC2736）
86 LMC-N49
88 N44C

銀河の進化

92 NGC4414
94 NGC4013
96 ソンブレロ銀河（M104）
98 NGC6217
100 NGC4319とクエーサー Markarian 205
102 HCG87
104 NGC2207とIC2163
106 NGC1275
108 マウス銀河（NGC4676）
110 おたまじゃくし銀河（UGC10214）
112 逆回転銀河（NGC4622）
114 NGC4650A
116 ESO 510-G13
118 Hoag's Object
120 M87
122 Abell1689と重力レンズ
124 深宇宙

126 語句解説

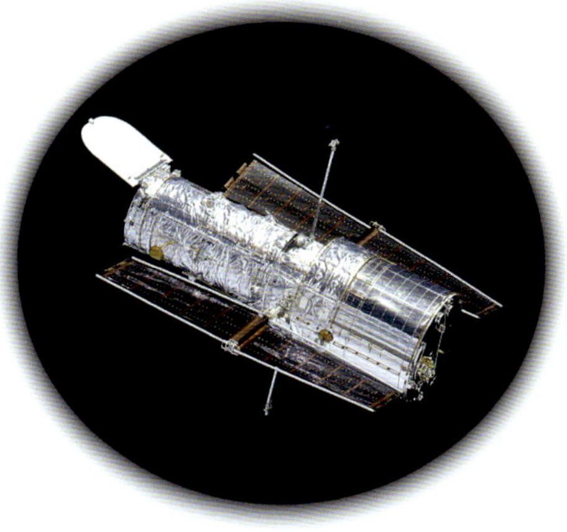

STScI, NASA

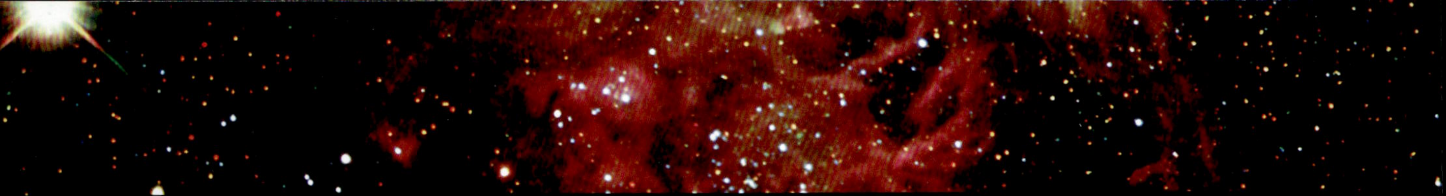

さんかく座の銀河 M33 中にある巨大な星形成領域 NGC604
NASA and The Hubble Heritage Team (AURA/STScI)

星の誕生と成長

宇宙空間に浮かぶ暗黒星雲、冷たい水素分子でできたその雲が重力などの影響を受けて濃縮すると、やがて核融合反応に火が着きます。そう・・・新しい星の誕生です。周囲に残った雲は誕生した星からの紫外線を受け散光星雲として輝きます。巨大な暗黒星雲の場合、同時に星がたくさん誕生し散開星団ができあがります。星は生まれたときの質量によってその寿命が決定します。質量の大きい星ほど激しくエネルギーを放出する代わりに短期間で年老いていきます。

NASA and The Hubble Heritage Team (STScI/AURA)

Thackeray's Globules in IC 2944 STScI-2002-01

IC2944中にあるグロビュール

ケンタウルス座にある散光星雲IC2944の一部です。星雲全体の形がこうもりの形に似ていることから、バット星雲の愛称で親しまれています。星雲内には散開星団があり、高温の星が放射する紫外線を受け、水素がイオン化して蛍光を発しています。この写真ではそれが赤色で表現されています。

星雲内にはグロビュールがたくさん点在しています。これらは暗黒星雲の一部が残ったものと考えられていて、冷たい分子や塵でできています。右上にある大型のものは発見者にちなんで「サッカレーのグロビュール」と呼ばれていて、実際には長径約1.4光年のクロビュールが二つ、私達の視線方向に重なって並んでいます。紫外線により徐々に破壊されていて、散開星団の誕生がもう少し遅かったならば、元の塊から太陽程度の質量の星が誕生していたと考えられています。距離は5900年です。

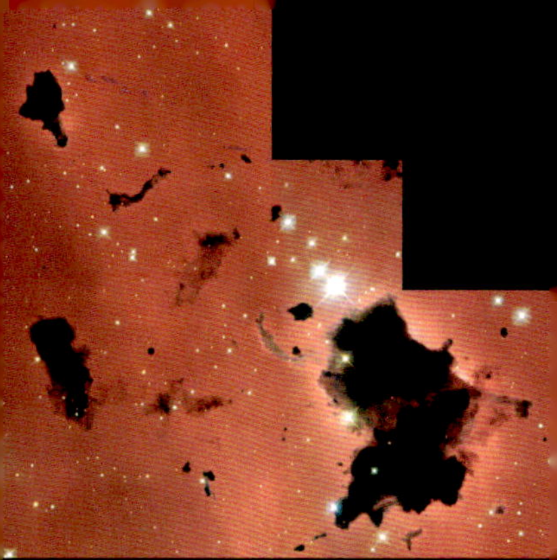

NASA, ESA, and the Hubble Heritage Team (STScI/AURA)

Hubble Sees a Horsehead of a Different Color STScI-2013-12

馬頭星雲

オリオン座にある三つ星の東端のζ《ゼータ》星すぐ南に散光星雲IC434があります。IC434の光を馬の頭部の形そっくりの暗黒星雲が遮り宇宙空間に影絵を描いていて、天文ファンにも人気です。この写真は赤外線で撮影されたデータを使って合成しています。その一方で、水素イオンの蛍光に相当する波長をデータとして使っていません。このため、馬頭星雲より遠方にある星や銀河がよく観察できる反面、散光星雲IC434は表現されていません。天体写真マニアにとっては不思議なイメージです。

塵や冷たい分子でできている暗黒星雲は星の誕生の場です。IC434(透き通った部分)との境界付近では星からの紫外線を受け暗黒星雲が徐々に消えていきます。遠い将来には特徴的な影絵はなくなっているのかもしれません。地球から1600光年のところにあり、写真の縦の長さは2.5光年に相当します。

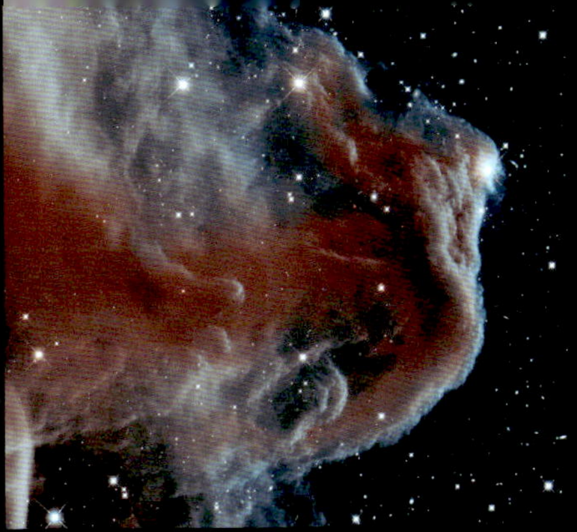
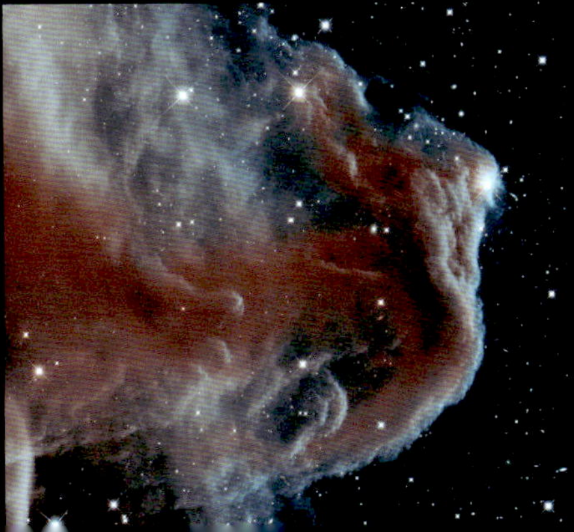

NASA, H. Ford (JHU), G. Illingworth (UCSC/LO), M.Clampin (STScI), G. Hartig (STScI), the ACS Science Team, and ESA

Hubble's Newest Camera Images

Monstrous Star-Forming Pillar of Gas and Dust STScI-2002-11b

コーン星雲(NGC2264)

いっかくじゅう座にある散光星雲です。円錐形をした暗黒星雲が光を遮っていることから名前が付けられました。ガスや塵でできていた暗黒星雲が、星からのエネルギーを受け輝き始めると散光星雲になります。写真の外上方に若い高温の星があり、この星が放射した紫外線が水素をイオン化し、写真ではそれが赤く写ってます。暗黒星雲中の水素分子も、その境界付近では徐々にイオン化していきます。暗黒星雲の形状も長い間には変化していくのです。地球からの距離は2500光年で、写真は2.25光年の範囲をとらえています。ACS(掃天観測用高性能カメラ)のイメージとして最初に公開された写真の一つです。

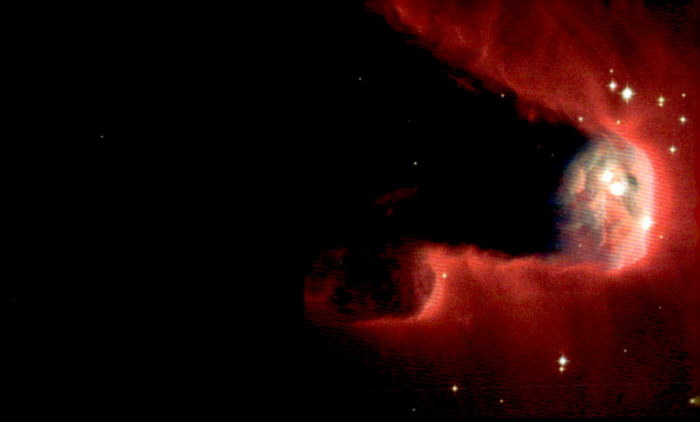

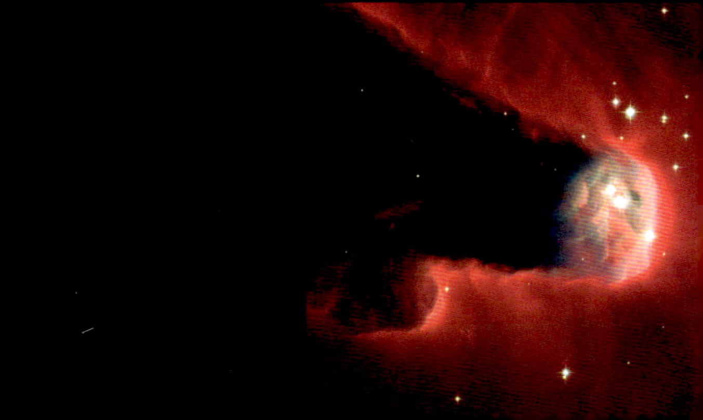

NASA, The Hubble Heritage Team (AURA/STScI)

Light and Shadow in the Carina Nebula **STScI-2000-06**

キーホール星雲

南天にある美しいη《エータ》カリーナ星雲の中心部です。星からのエネルギーを受け輝く複雑な構造と、分子や塵でできた暗黒星雲が作るシルエットが素晴らしい光景を見せてくれます。ηカリーナ星雲全体の大きさは200光年以上もあり、星雲内では太陽の10～100倍もの巨大質量星が次々と生まれています。右上や中央左隅にエッジの鋭い暗黒星雲があります。もしこの密度が充分大きいならば、将来散開星団になるのでしょう。地球から8000光年のところにあり、縦の長さは9光年に相当します。この写真の外右下すぐそばには、超巨大質量星りゅうこつ座ηがあります。

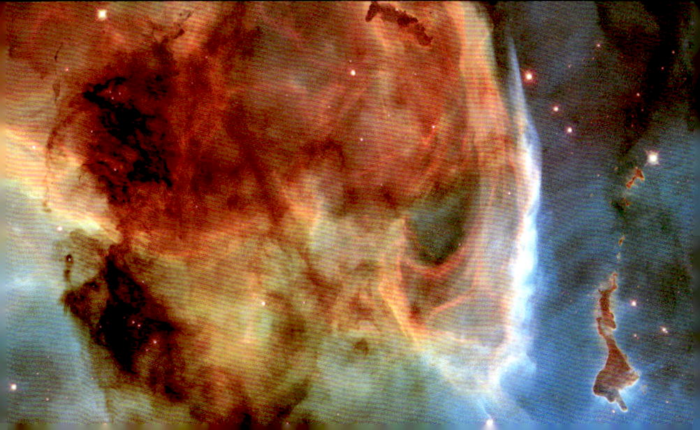

STScI and NASA

Hubble Observes the Fire and Fury of a Stellar Birth STScI-1995-24

Herbig Haro 47

ほ座にある原始星誕生の様子です。暗黒星雲の中でできた星の卵が自転を始めると、その赤道面に降着円盤と呼ばれるガスや塵のディスクができます。このディスクから、原始星に星の原料が供給されます。原始星の両極からは余分な原料がジェットとして放出され、これが周囲の冷たいガスや塵にぶつかって明るく光ります。このような星雲を特に「ハービック・ハロー天体」と呼んでいます。写真のジェットの長さは約5兆kmで、原始星は左下の白い雲の中に隠れています。地球から1500光年のところにあります。

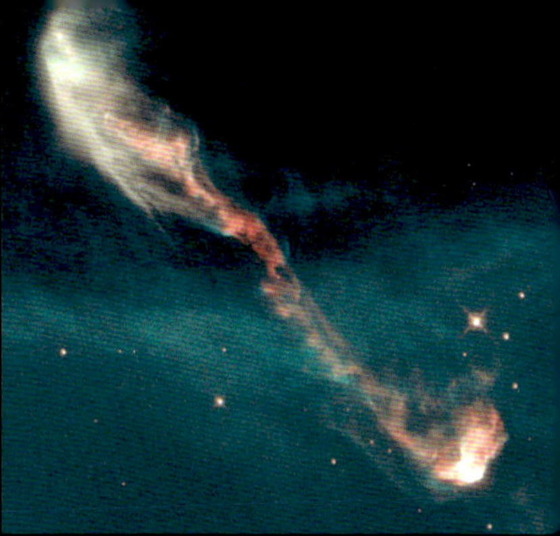

NASA and The Hubble Heritage Team (AURA/STScI)

Herbig Haro 32 STScI-1999-35

Herbig Haro 32

ハービック・ハロー天体の素晴らしいサンプルです。降着円盤の中心付近は吹き飛ばされたのでしょうか、誕生した星がはっきり見えるようになりました。星の両極から秒速300kmのスピードで吹きでたジェットが、周囲のガスと衝突して高温になり発光しています。緑色は水素原子、青色は硫黄イオンによるものです。両極から吹きだしているジェットの長さは0.54光年（約5兆km）で、上側に比べて下側のジェットははっきり見えません。これは星周辺に残っている塵が光を遮っているからです。地球から960光年、彦星の西北西約5°のところにあります。

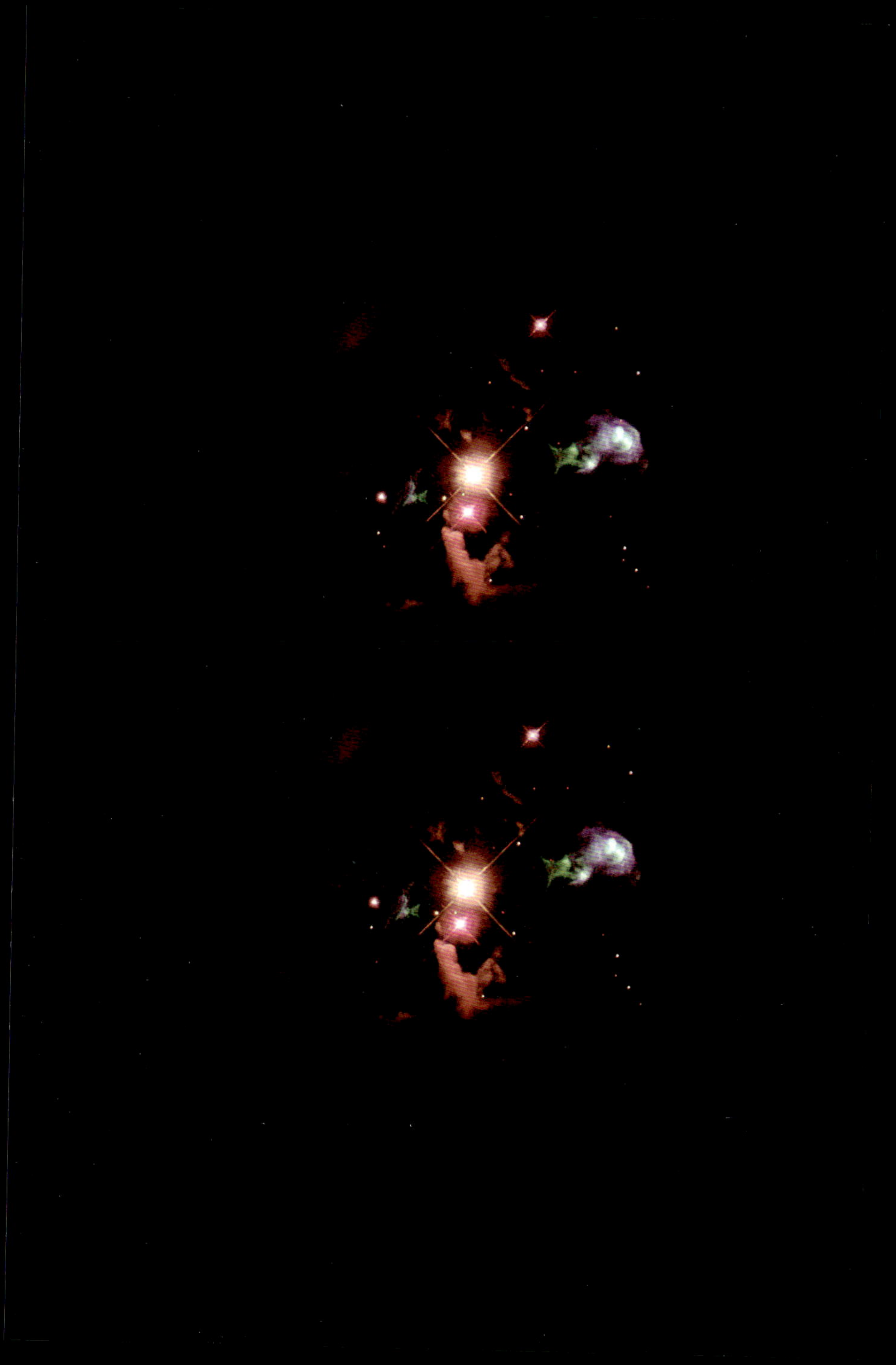

NASA and Jeff Hester (Arizona State University)

The Trifid Nebula: Stellar Sibling Rivalry STScI-1999-42

三裂星雲 (M20)

いて座にある美しい散光星雲の一部です。星雲全体の形は暗黒帯によって三つに裂けていることから、この愛称で親しまれています。この写真は星雲のごく一部、中心から南約8光年のところにある光景です。写真の外左上方にある星からの激しい紫外線により、暗黒星雲が徐々に揮発して散光星雲として輝き始めました。中央にある指のような形状の暗黒星雲は、ガス濃度が高かったために揮発しきれずまだ残っています。この中では星が誕生しつつあり、先端に角のような形状が左上方向に伸びています。これは内部で誕生した星が放ったジェットで、3/4光年もの長さがあります。ハッブルサイトでは三裂星雲までの距離を9000光年としていますが、諸説あるようで現在は5200光年とするのが一般的なようです。

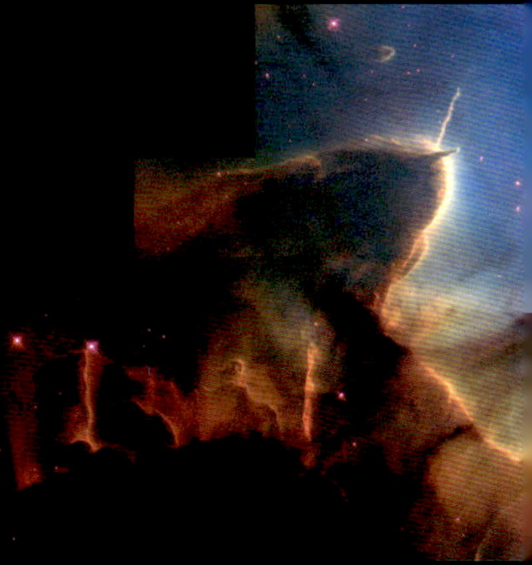

NASA, H. Ford (JHU), G. Illingworth (UCSC/LO), M.Clampin (STScI), G. Hartig (STScI), the ACS Science Team, and ESA

Hubble's Newest Camera Eyes Hotbed of Star Formation STScI-2002-11c

オメガ星雲(M17)

いて座にある非常に明るい散光星雲で、小型の望遠鏡でも充分楽しめる天体です。星雲全体の形状から、Ω《オメガ》星雲またはスワン星雲と呼ばれています。この写真はその中心部で、写真右上の外に誕生したての大質量星があり、その強烈な紫外線により星雲が輝いています。カラフルな色は水素、窒素、酸素、硫黄などの原子によるものです。冷たいガスや塵でできた暗黒星雲がいたるところに点在しています。地球からの距離は5500光年で、写真は4.1光年の範囲をとらえています。ACSのイメージとして最初に公開された写真の一つです。

NASA and The Hubble Heritage Team (AURA/STScI).

Hubble's Variable Nebula (NGC2261) **STScI-1999-35**

ハッブルの変光星雲（NGC2261）

いっかくじゅう座Rにより照らされている星雲です。星雲の左下付け根にある星がいっかくじゅう座Rです。この星は太陽の10倍もある大質量星で、誕生後わずか30万年しか経っていません。生まれたばかりの星の周囲には、原料となった塵がまだ残っていて、多くの場合、このような反射星雲を伴います。星雲の下側には移動している暗黒星雲があります。これが星雲の形や明るさを変化させ、その様子はアマチュアの望遠鏡でも観測できるほどです。地球から2600光年のところにあり、写真の縦の長さは1.9光年に相当します。

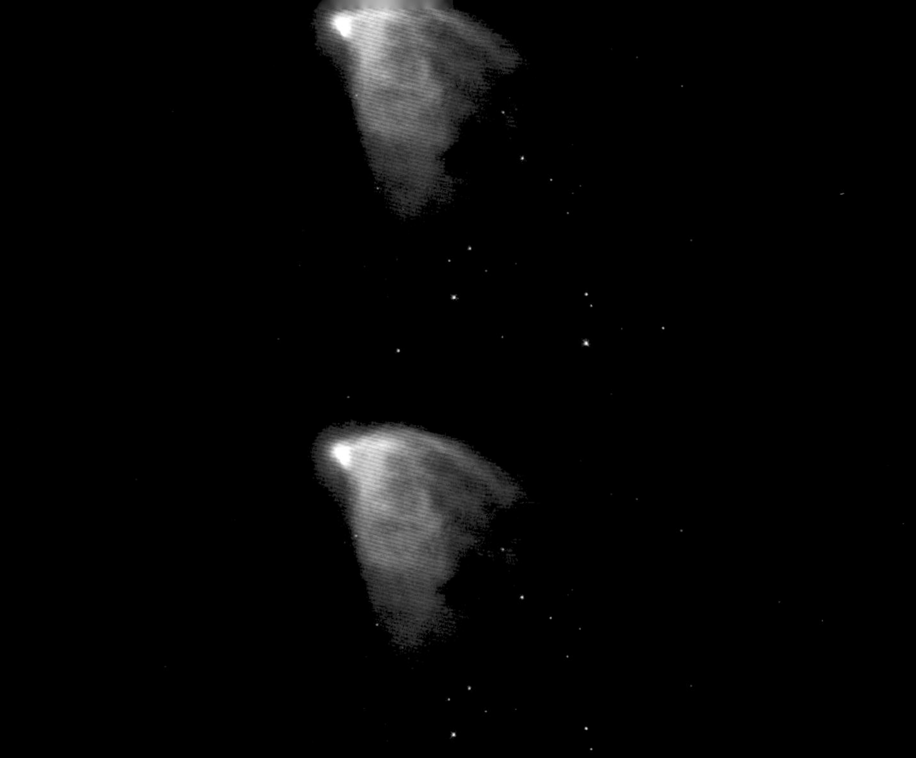

NASA and The Hubble Heritage Team (STScI)

Hubble Takes a Close-up View of a Reflection Nebula in Orion STScI-2000-10

NGC1999

オリオン座にある反射星雲です。中心に見える星は誕生後間もないオリオン座V380です。その周辺にまだ残っている塵がこの星からの光を反射して青く見えています。このように反射星雲は星のスペクトル型を反映した色になります。中央に真っ黒な部分があります。高密度のガスや塵が光を完全に遮断しているグロビュールを特に「Bok globule」(ボックグロビュール)と呼んでいますが、NGC1999のそれはどうも違うようです。赤外線宇宙望遠鏡でこの領域を観測しても、星の卵が全く観測できなかったのがその理由で、現在はV380からのジェットが周辺物質を押しのけた結果と考えられています。地球から1500光年のところにあり、写真の縦の長さは0.8光年に相当します。

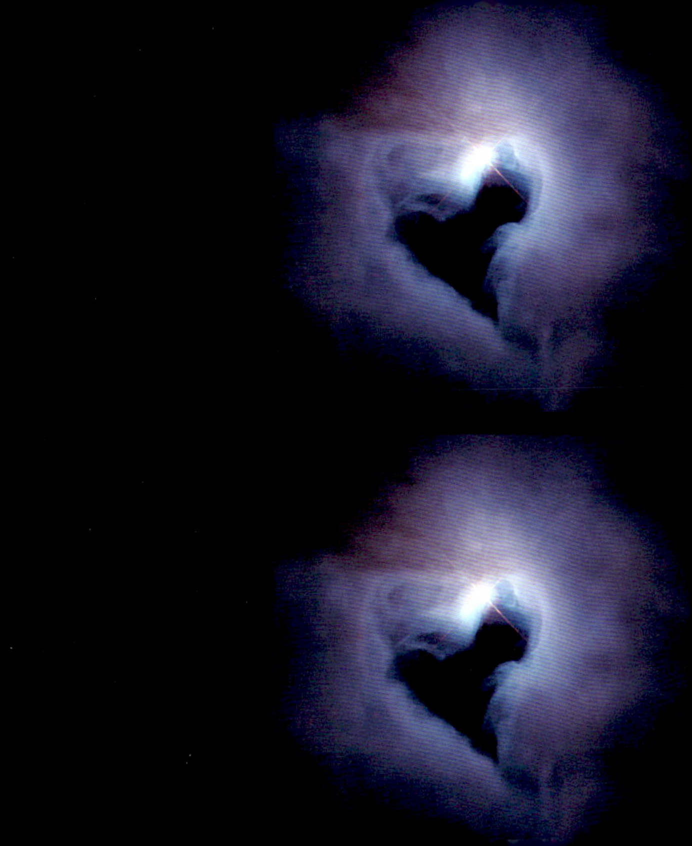

NASA, ESA & Mohammad Heydari-Malayeri (Observatoire de Paris, France)

Hubble Sends Season's Greetings from the Cosmos to Earth STScI-2001-34

ゴーストヘッド星雲(NGC2080)

地球から約17万光年彼方、大マゼラン雲中にある巨な散光星雲です。クリスマスカードを彷彿させるカラフルな色彩です。赤と青の光は近くの星により加熱された水素で、緑色の光は、大質量星からの恒星風により高エネルギーとなった酸素によるものです。中心部には、幽霊の眼に相当する白く明るい部分が二つあります。これらは誕生して1万年以下の大質量星からエネルギーを受け、水素と酸素が非常に高温になったものです。大マゼラン雲中には、このように大質量星が同時に誕生している領域がたくさんあります。写真の横幅は55光年に相当します。

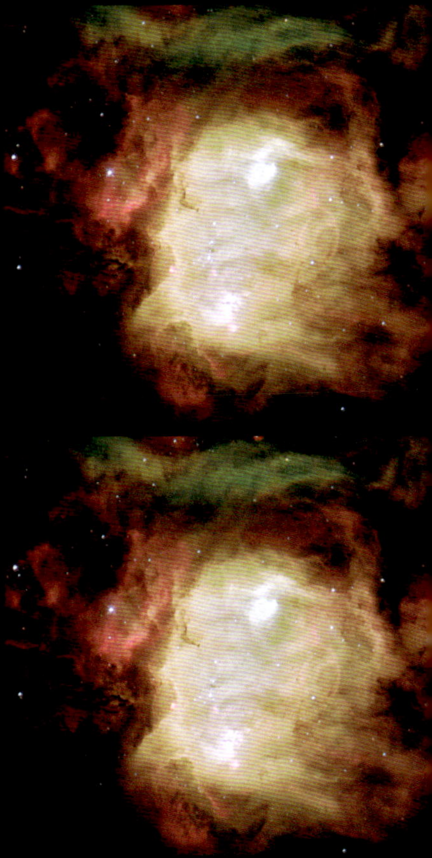

NASA, ESA and Orsola De Marco (Macquarie University)

A cosmic concoction in NGC 2467 heic1012

NGC2467

とも座を流れる繊細な天の川の中に散光星雲NGC2467があります。誕生したばかりの星の強烈な紫外線を受けたガスが美しく輝きます。点在する暗黒星雲や揮発しきれてない小さなグロビュールがシルエットとして浮かび上がり、神秘的な光景をかもしだしています。地球から1.3万光年のところにある星形成領域で、小さな望遠鏡では散光星雲を直接見ることはできませんが、この星雲を輝かせている散開星団は確認できます。

中央右寄りに特に明るい星が見えます。この星からの恒星風や放射線が、周辺ガスを吹き飛ばし圧縮させ、新しい星を次々と誕生させています。写真は角度で3.5'、約13光年の範囲をとらえたものです。

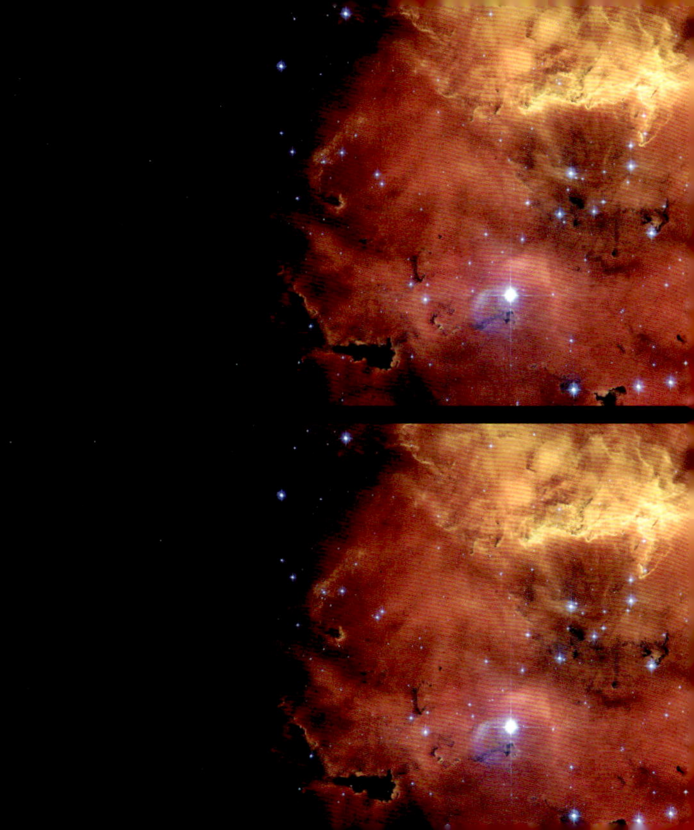

NASA and The Hubble Heritage Team (STSc /AURA)

A Bow Shock Near a Young Star STScI-2002-05

オリオン座LL付近

有名な三つ星の南約5°のところに肉眼でもぼんやり確認できる美しい散光星雲があります。これがオリオン大星雲で、地球から1500光年のところにあります。この写真は、その中の星オリオン座LL周辺です。生まれたばかりの星で、激しい恒星風を放射しています。これが左下方向の星雲中心から流れてくるガスと衝突して弓形の構造を作っています。これをボウショックと呼んでいます。ちょうど川の流れに逆らって船が進むときにできる波に似ています。オリオン大星雲中にはこの他にもボウショックがたくさん見つかっていて、これらを解析することによって誕生したての星に伴うさまざまな現象を理解することができるそうです。写真の縦の長さは1.9光年に相当します。

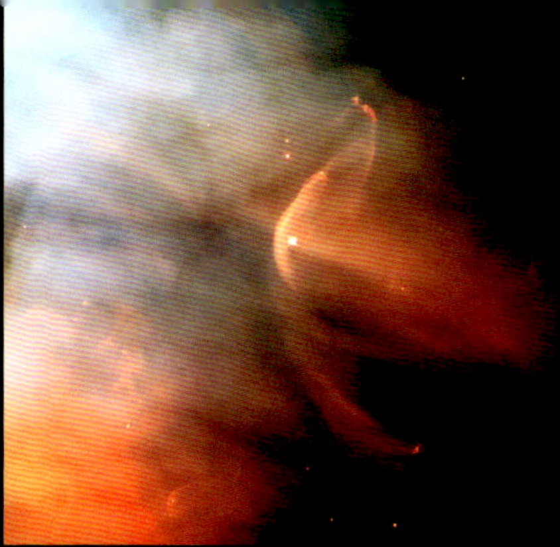

NASA and The Hubble Heritage Team (STScI/AURA)

Hubble Photographs 'Double Bubble' in Neighboring Galaxy STScI-2002-29

N30B

大マゼラン雲中にあるピーナッツ形状の散光星雲で、その中には誕生したての散開星団があります。この星雲は蛍光を発しているだけでなく、星雲内にある塵が写真上方に見える青色超巨星からの光を反射して輝いています。この星は、実際には星団の20光年奥15光年上方のところにあり、周囲が塵の円盤に覆われているため暖色がかって見えています。N30Bはこの星の光を反射していますが、散乱角度の影響で夕焼けのように赤っぽく見えています。N30Bは大きなDEM-L106星雲の中心部にあり、その一部を写真下に確認できます。写真の横幅は59光年に相当します。

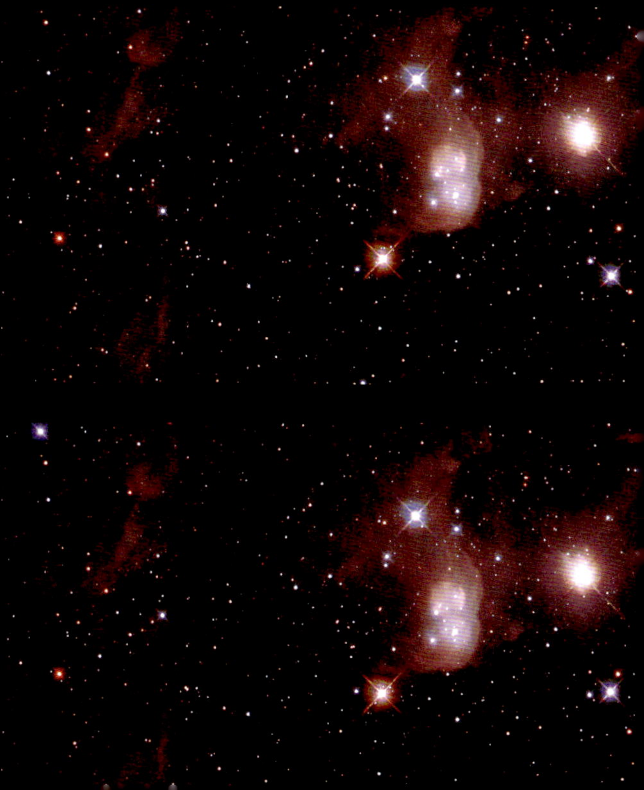

NASA, ESA, Mohammad Heydari-Malayeri (Observatoire de Paris, France)

Massive Infant Stars Rock their Cradle STScI-2001-11

N83B

大マゼラン雲の中にある散光星雲です。上側の球形の部分がN83Bで、直径はオリオン大星雲とほぼ同じ約25光年です。中央にある星は太陽の30倍もの大質量星で、周囲にあった暗黒星雲を強烈な恒星風で吹き飛ばし、3万年前に姿を現しました。星雲内の星はこの中心星より若く、おそらく中心星が周囲の星雲を圧縮して新しい星を次々と誕生させたのでしょう。右側の明るい部分では、太陽の45倍もの大質量星が生まれているそうです。この星からの恒星風が星雲を圧縮し、その左側に弓状の構造を作っています。暗黒帯の走る下側の星雲は、DEM 22dと呼ばれています。

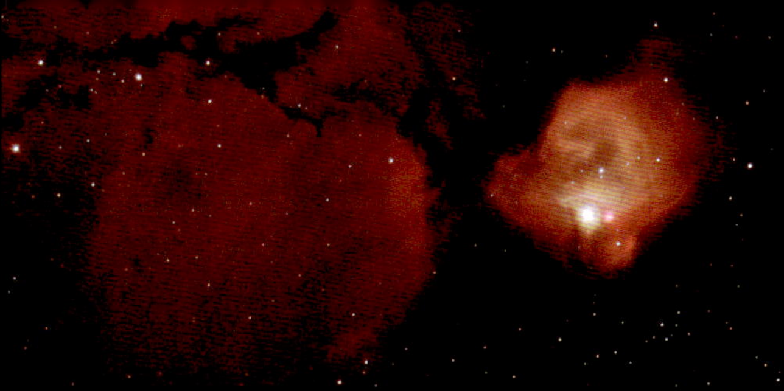

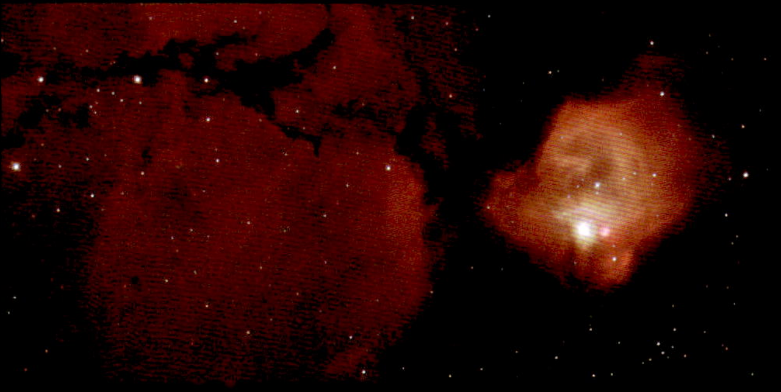

NASA and The Hubble Heritage Team (STScI/AURA)

Hubble Peeks into a Stellar Nursery in a Nearby Galaxy STScI-2000-30

N81

小マゼラン雲中の星形成領域です。直径12光年の散光星雲中に散開星団が誕生しています。最も明るい星は太陽の30万倍もの明るさがあり、強烈な紫外線を放って星雲を輝かせています。強い恒星風により星団周辺のガスや塵は吹き飛ばされ、星雲内部は中空の状態になっています。星雲表面には、暗黒星雲がシルエットとして浮かび上がっています。小マゼラン雲の元素組成は、水素とヘリウム以外の元素が我々の天の川銀河の1/10程度と少ないため、N81の研究は宇宙誕生初期の星形成について重要な知見を与えてくれる可能性があります。地球から20万光年のところにあります。

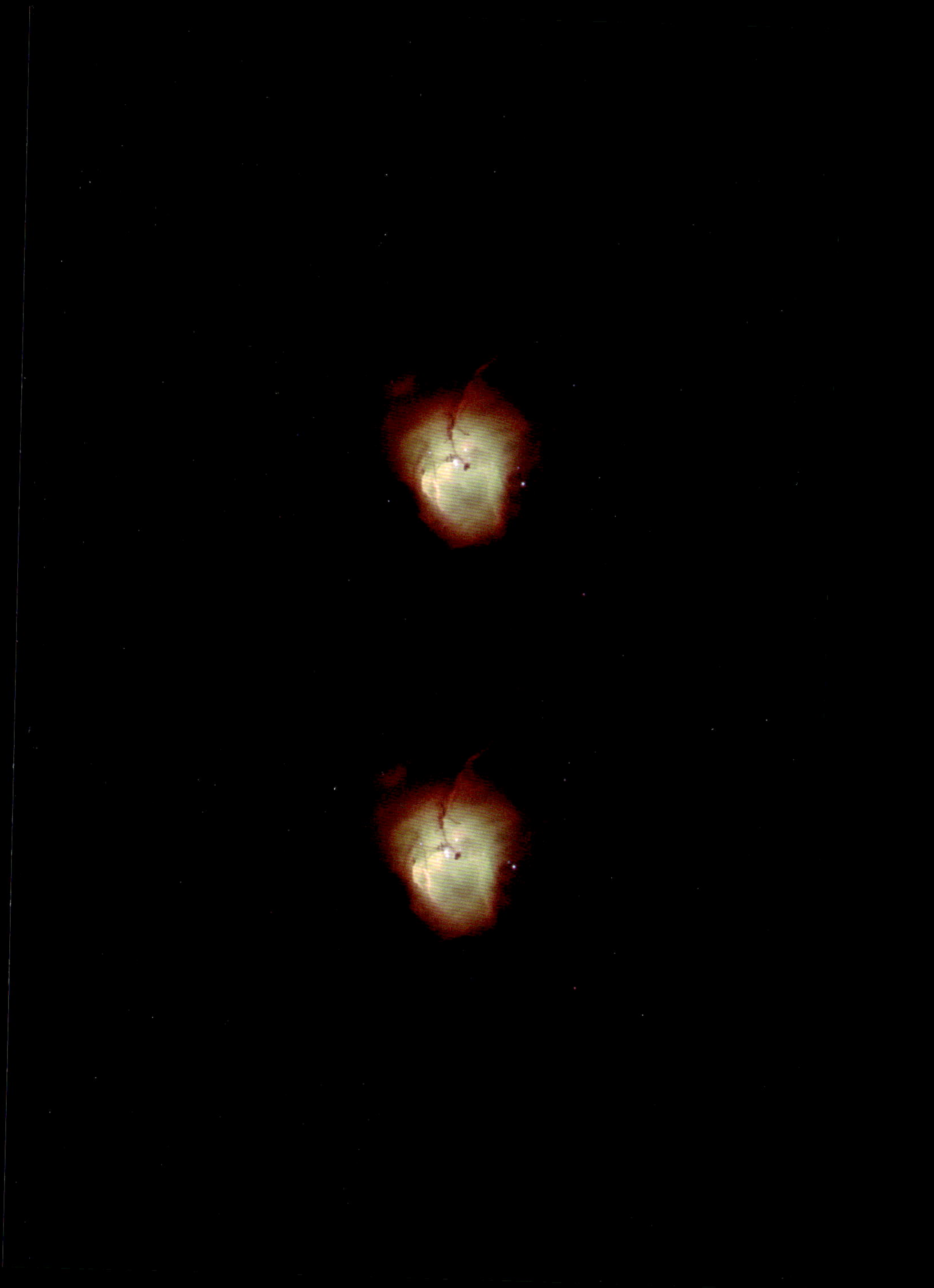

Hubble Heritage Team (AURA/STScI/NASA)

Multiple Generations of Stars in the Tarantula Nebula STScI-1999-12

Hodge301

大マゼラン雲の中にある散開星団です。写真全面に広がる散光星雲はタランチュラ星雲のごく一部で、右下に見えるHodge301はこの巨大な散光星雲の中にあります。大質量星の多い散開星団で、すでに超新星爆発を起こした星がたくさんあったと考えられています。その爆風は秒速300kmにも達し、星雲の一部を美しいフィラメント状に変化させています。超新星爆発前の年老いた星がいくつかあり、写真でもオレンジ色の星を三つ確認できます。写真中央やや上部には星の卵が認められ、星のさまざまな世代が一枚の写真の中に共存しています。地球からの距離は16.8万光年で、写真は約96光年の範囲をとらえています。

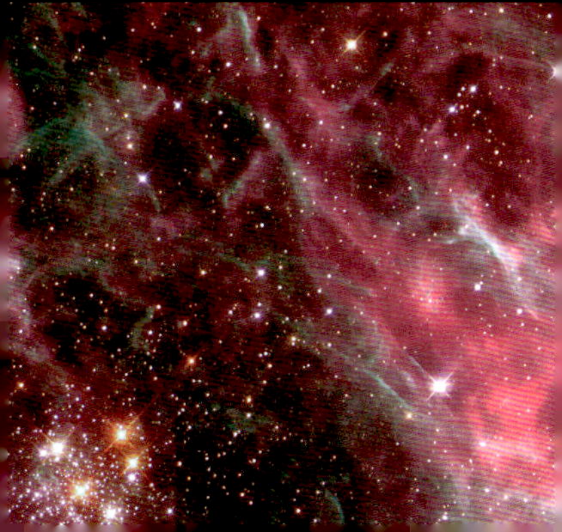

ESA/Hubble & NASA

Old stars with a youthful glow potw1107a

M15

ペガスス座にある秋を代表する明るい球状星団です。球状星団は数万から数十万個の星が球状に集まったもので、銀河を囲むように分布しています。M15の星々の年齢は120億歳と推定され、宇宙誕生初期にできたと考えられています。球状星団は、銀河を包み込む巨大なガス雲から誕生したと考えられていますが、まだわからないことが多いようです。中心やや左下にPease1と呼ばれる青い星雲が見えます。これは惑星状星雲で星がその一生を終えた姿です。M15は球状星団の中でも星が密集していて、中程度のブラックホールが存在すると考えられています。地球から3.5万光年のところにあり、この写真は約35光年の範囲をとらえています。

NASA, ESA, and Martino Romaniello (European Southern Observatory, Germany)

Hubble Snaps Picture of Remarkable Double Cluster STScI-2001-25

NGC1850

大マゼラン雲中にある明るい二重星団です。手前にある大きな星団は球状星団に分類されています。しかし星団の年齢が5000万歳と若く、また大質量星をたくさん含んでいて、天の川銀河周辺にある球状星団とは全く異なるようです。星団内には年老いた赤色巨星がいくつか認められ、すでに超新星爆発を起こしたものもあるようです。その爆風が星間物質を加熱して、フィラメント状のガス雲を作り、その中から新しい星が生まれました。左下奥にある散開星団の年齢は400万歳です。地球からの距離は16.8万光年で、写真の縦の長さは102光年に相当します。

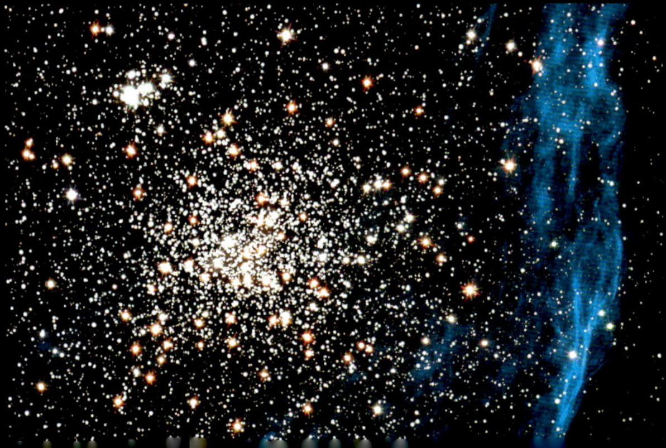

NASA, ESA and H.E. Bond (STScI)

Hubble Watches Light from Mysterious Erupting Star Reverberate Through Space STScI-2003-10

いっかくじゅう座V838

いっかくじゅう座V838は2002年2月に突発的に明るく輝きました。その明るさは太陽の60万倍にも達し、そして暗くなりました。その後、この星から星雲が膨張している様子が観測されました。この写真はその中の一つです。星雲の見かけ上の膨張速度は7ヶ月間で3光年、つまり光速を超えていました。実は、星からの光がその周辺を囲む塵に反射し、遠回りして地球に届いたため星雲が膨張したように見えたのです。このような突発的な増光は、連星の一方が寿命の最後に爆発した際に新星として観測されますが、この星はどうも違うようです。距離は地球から2万光年で、写真の範囲は7.8光年です。

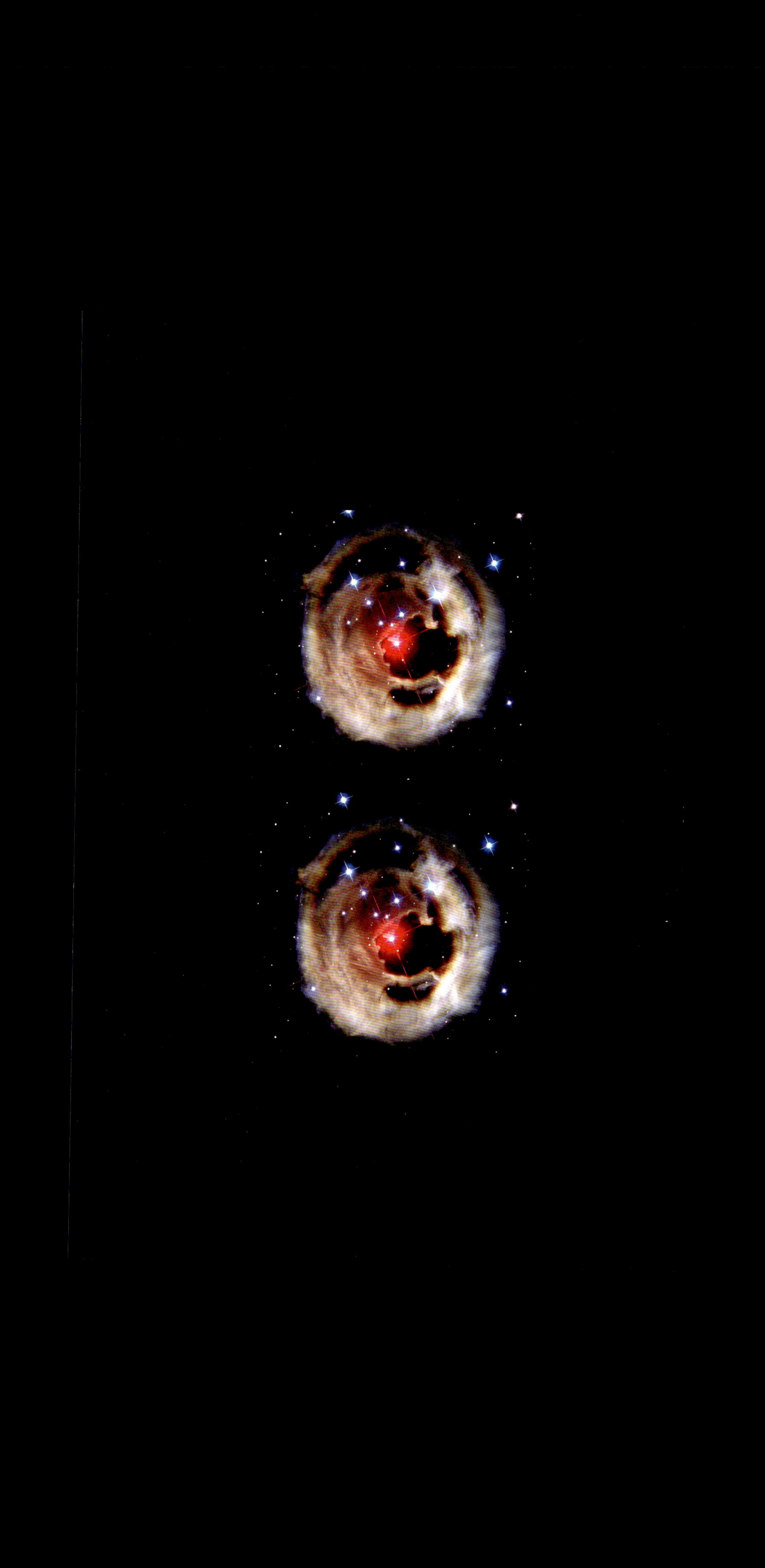

Wolfgang Brandner (JPL/IPAC), Eva K. Grebel (Univ. Washington), You-Hua Chu (Univ.Illinois Urbana-Champaign), and NASA

Hubble Snapshot Captures Life Cycle of Stars STScI-1999-20

NGC3603

約2万光年彼方、りゅうこつ座にある巨大星雲と散開星団です。星のライフサイクルがこの写真に濃縮されていることで話題になりました。右上隅にある小さな暗黒星雲は星の卵「ボック・グロビュール」です。中央下、星雲の境界付近にある明るい二つの構造の中には、原始星の降着円盤があります。青色巨星の密集した散開星団からでた強烈な恒星風は、周囲のガスを吹き飛ばし、強烈な紫外線は星雲の構造を変化させています。奥の方ではSher25という名の青色超巨星が内部の物質を放出し、短かった一生の終焉を今まさに迎えようとしています。

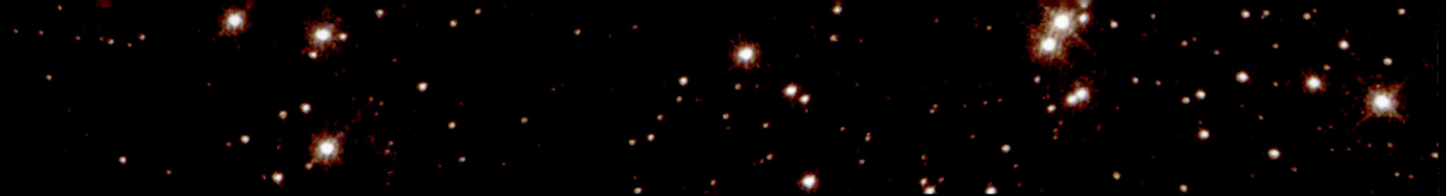

じょうぎ座の惑星状星雲 アリ星雲
NASA, ESA and The Hubble Heritage Team (AURA/STScI)

星の死とその残骸

星は生まれたときの質量により異なる死を迎えます。軽い星はヘリウム核でできた白色矮星となり静かに一生を終えます。太陽程度の質量の星は、ヘリウム核が成長したときに表層のガスが膨張し、赤色巨星を経て宇宙空間にガスをゆっくり飛散します。核では酸素や炭素を作り、高温の中心部が露出すると強い紫外線を放出して、飛散したガスを惑星状星雲として輝かせます。中心部は白色矮星となりゆっくり冷えてやがて光も失います。太陽の８倍以上の質量の星では炭素の核融合反応にも火がつき、さらに重たい元素を作ります。そして最後は超新星爆発により壮絶な死を迎えます。残骸の爆風が周囲の星間物質と衝突すると美しい星雲を作り、その中からは再び新しい星が誕生するのです。

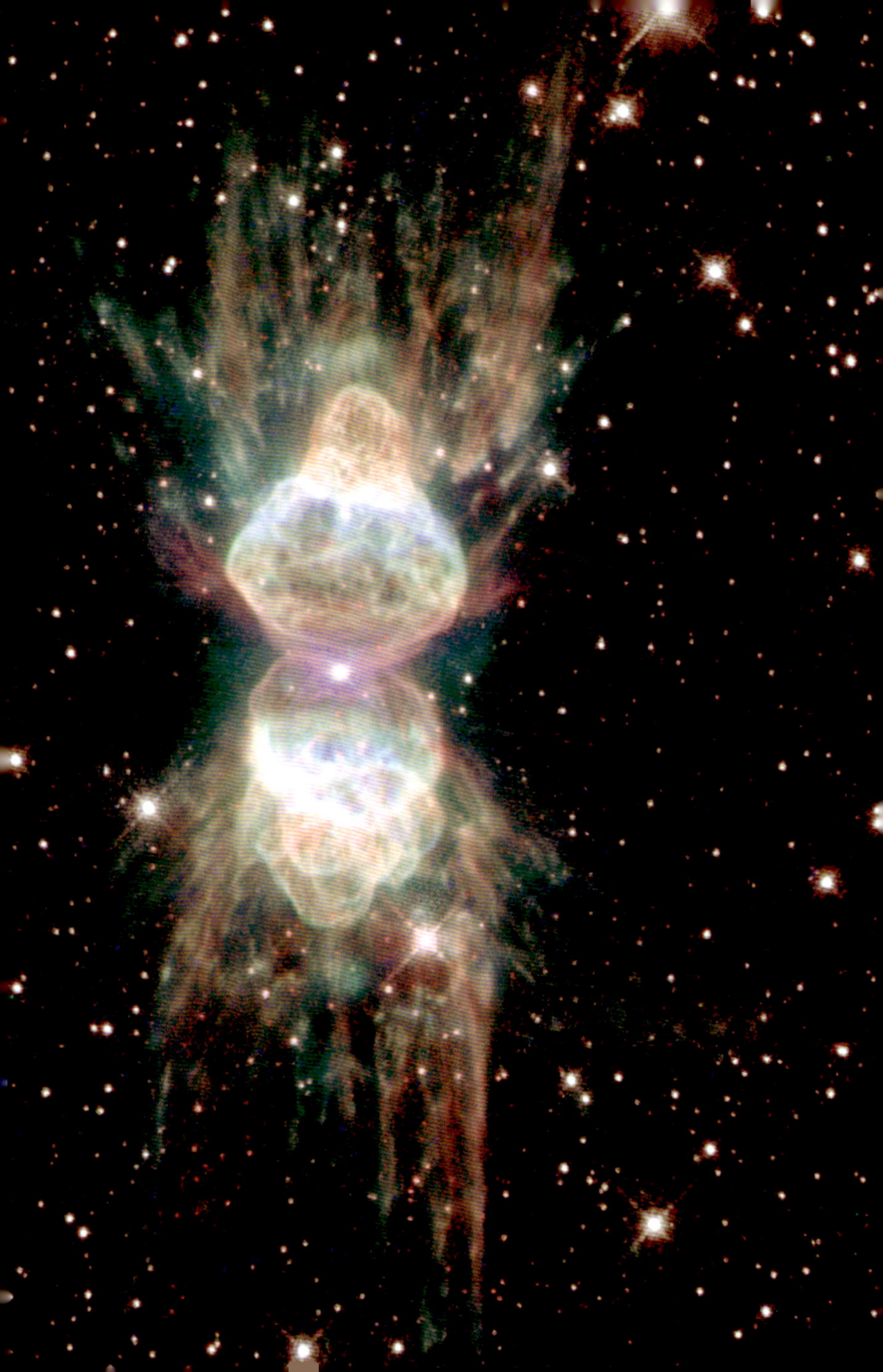

NASA and The Hubble Heritage Team (STScI/AURA)

Hubble Astronomers Feast on an Interstellar Hamburger STScI-2002-19

ゴメスのハンバーガー

Arturo Gomez氏が発見した、いて座にある惑星状星雲の卵です。約0.3光年の大きさのパンが二つ宇宙空間に浮かんでいます。死を迎えつつある星の可視光線が、周辺の塵に反射して輝いたものです。二枚のパンの間には濃度の高い円盤状の塵があり、それが中心星を覆っています。地球からはこの円盤を真横から見ていることになり、現在では中心星を見ることはできません。
やがては、星表面のガスの飛散が終わり、星中心部が露出し強い紫外線を放射して、周辺にあるガスは蛍光を発し、美しい惑星状星雲として輝くのでしょう。距離は6500光年です。

NASA and The Hubble Heritage Team (STScI/AURA)

Rainbow Image of a Dusty Star STScI-2003-09

エッグ星雲(CRL2688)

はくちょう座にある惑星状星雲の卵です。虹色の美しい色彩を見せていますが、これは三枚の偏光フィルターを通して撮影した各々のデータに、それぞれ赤青緑の色を着けて合成したためです。実際には炭素を主体とした塵が中心星の光を反射したもので、紫外線を受けて元素が輝く蛍光とは異なります。このような炭素元素は、星の内部で核融合反応により作られます。遠い将来には、これが生命体の原料に使われるのかもしれませんね。中央を左右に走る暗い塵の奥に中心星があります。距離は3000光年で、写真の縦の長さは1.2光年に相当します。

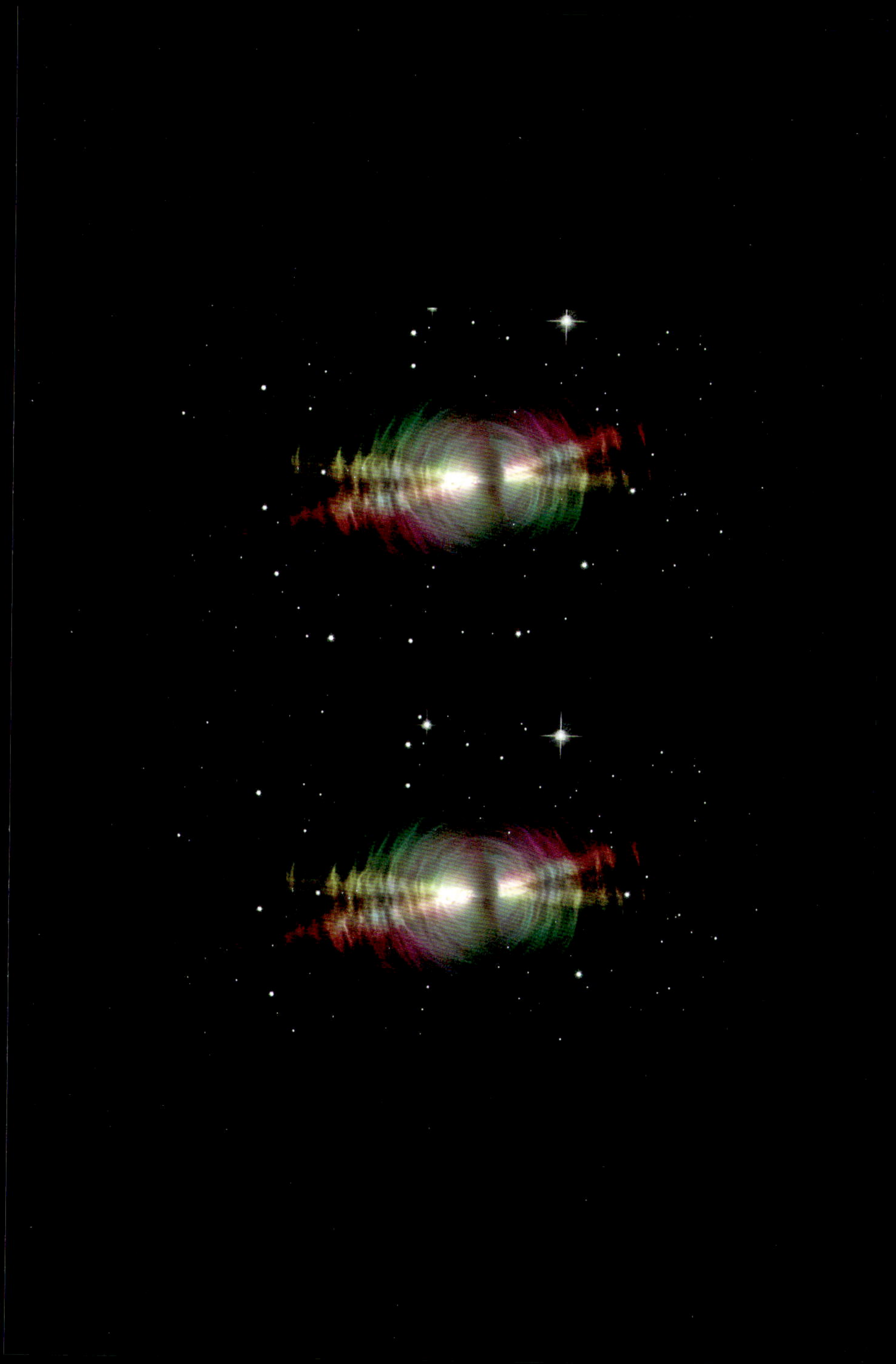

NASA, ESA, and K. Noll (STScI)

The Colorful Demise of a Sun-like Star STScI-2007-09

NGC2440

とも座にある誕生したての惑星状星雲です。中心星は最も高温の星の一つで、その表面温度は20万度もあります。惑星状星雲の中心星は、ガスが飛散して残った星の核が露出したもので、青色超巨星の表面よりもはるかに高温なのです。高温の星はそのエネルギーを紫外線などの電磁波の形で放出し、周辺の元素はこの紫外線を受け蛍光を発して輝きます。塵が豊富なことと、物質を異なる方向に異なるタイミングで放出した結果、このような複雑な構造になったと考えられています。距離は3600光年で、写真縦の長さは1.3光年に相当します。

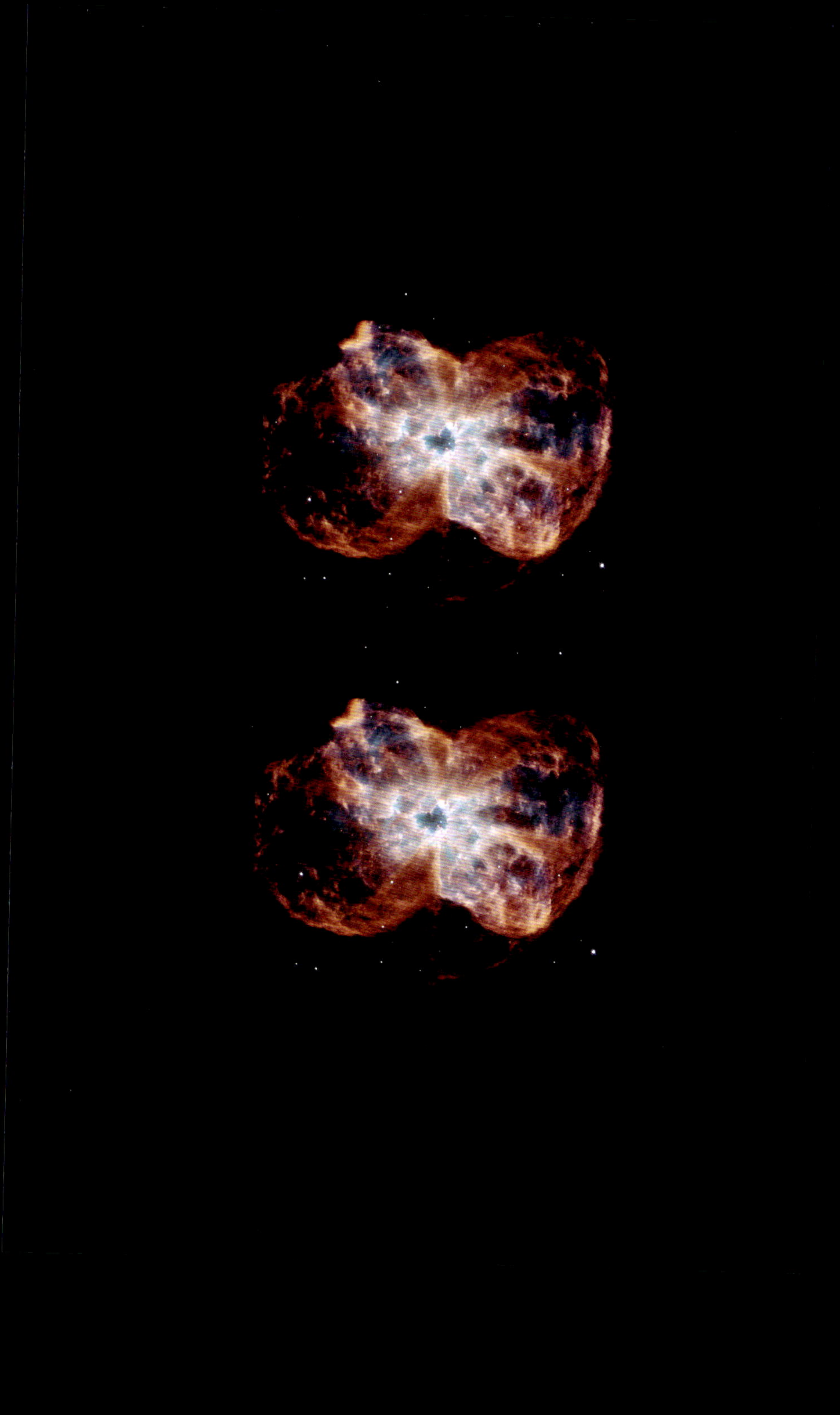

Hubble Heritage Team (AURA/STScI/NASA)

Looking Down a Barrel of Gas at a Doomed Star STScI-1999-01

リング星雲（M57）

こと座にある有名な惑星状星雲です。小さな望遠鏡でもユーモラスな形を楽しむことができる人気者です。直径約1光年のガスでできたドーナッツが、地球から2300光年のところに浮かんでいます。実際の形状はドーナッツというより、上下の蓋をはずした樽に近いようです。中心星はかつて太陽より大きい星でしたが、外層のガスを放出した結果、現在では地球程度の大きさになってしまいました。やがてはこの白色矮星も冷えて、紫外線の放射もなくなり、リング星雲も輝かなくなるのでしょう。

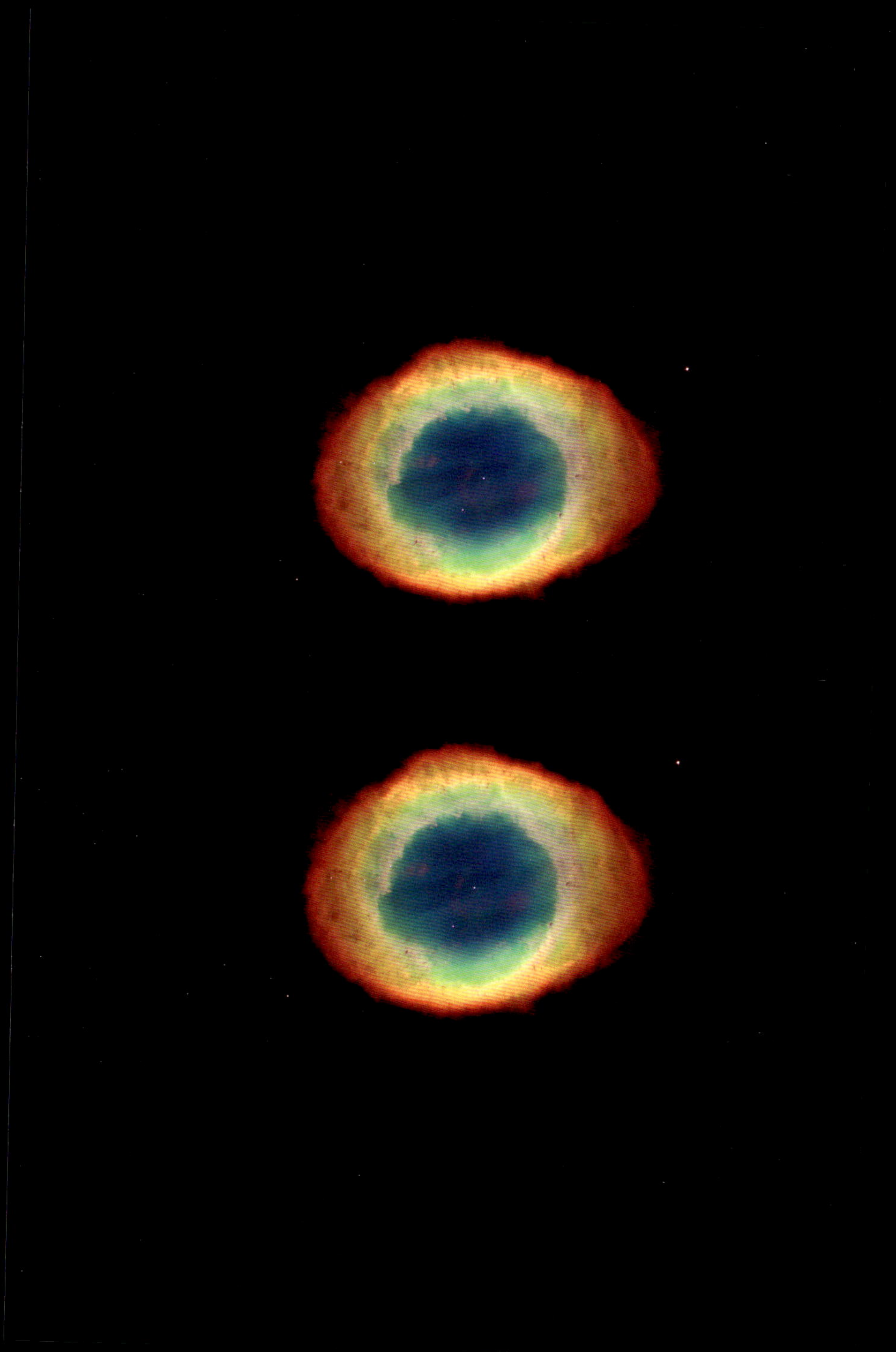

Hubble Heritage Team (STScI/AURA/NASA)

A Glowing Pool of Light STScI-1998-39

NGC3132

ほ座とポンプ座の境界付近にある明るい惑星状星雲です。「南天のリング星雲」とも呼ばれていますが、直径は0.4光年でM57に比べやや小型です。ガスは現在でも秒速15kmで膨張しています。中央に見える二つの星は10等級と16等級の連星で、その距離角は1.6秒です。暗い16等星が星雲の原料となった中心星です。中央に走る塵の雲がこの星雲の特徴です。この塵はおもに炭素によるものです。中心星から周辺に向かって次第に色が変化していますが、これは紫外線のエネルギーレベルが次第に低下して、蛍光を発することのできる元素が変化するからです。距離は2000光年です。

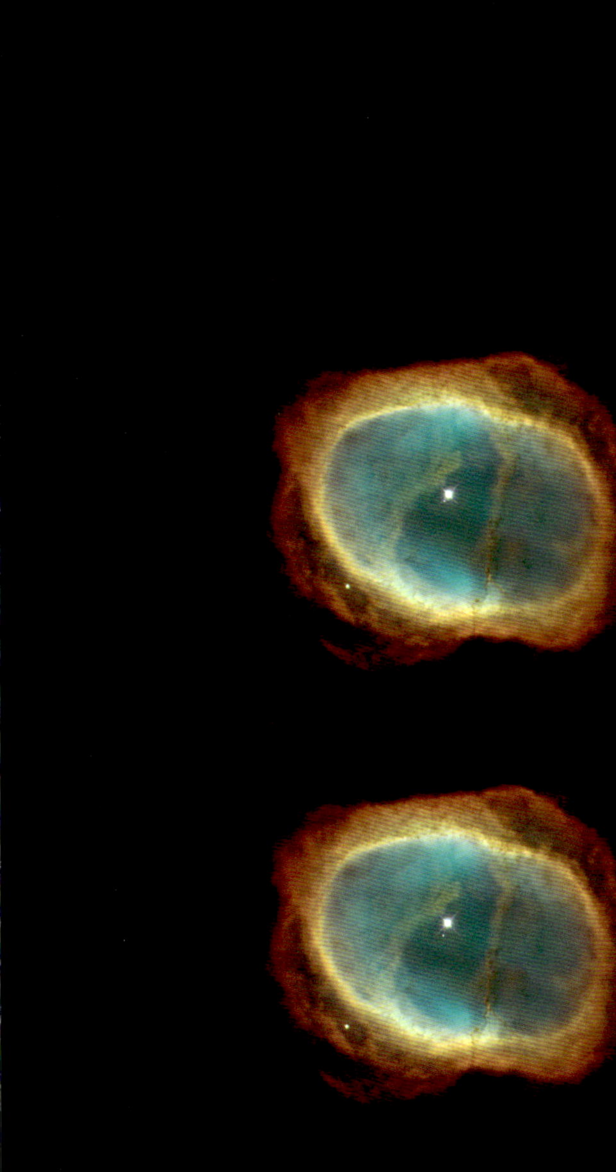

NASA, NOAO, ESA, the Hubble Helix Nebula Team, M. Meixner (STScI), and T.A. Rector (NRAO).

Iridescent Glory of Nearby Planetary Nebula Showcased on Astronomy Day STScI-2003-11

らせん星雲(NGC7293)

地球から約700光年、最も近くにある惑星状星雲です。満月の半分もの大きさがあり、空の暗い場所でみずがめ座の真ん中を双眼鏡で眺めると見つけることができます。直径は3光年ほどで、円筒状のコイルを上から眺めたようなイメージからこのような名前で親しまれています。この立体写真でもそのモデルを踏襲しましたが、その後の研究から、実際は青い部分が手前に膨らんだ丸いカプセルのような形状の方が妥当であると考えられているようです。黄色い部分には自転車のスポークのような構造が認められます。彗星状天体で中心星からの恒星風により尾を伸ばしているように見えます。

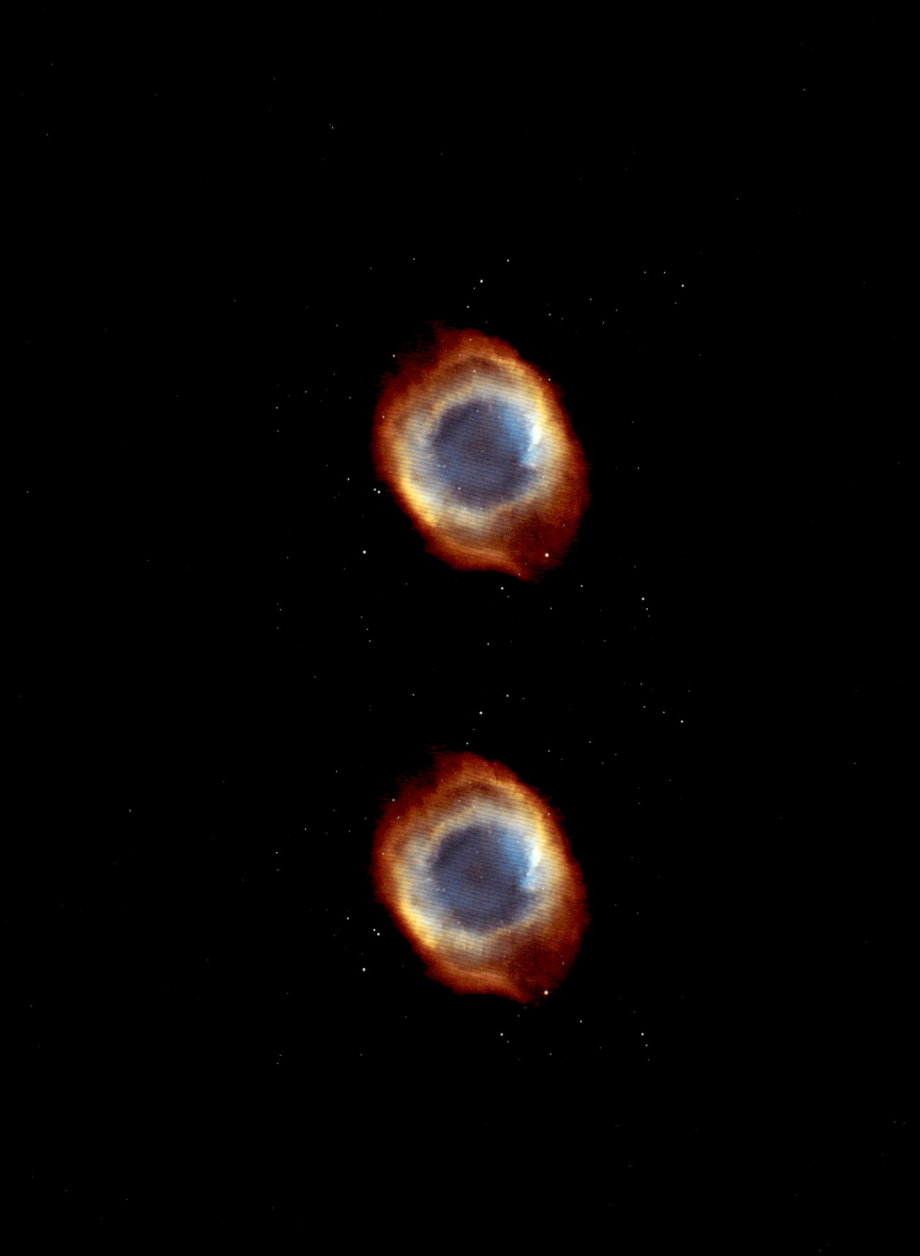

NASA and The Hubble Heritage Team (STScI/AURA)

Beauty in the Eye of Hubble STScI-2002-14

網膜星雲（IC4406）

おおかみ座にある惑星状星雲です。実際にはチューブ状になっていて、それを側面から見ているためこのような形に見えます。左斜め上、あるいは右斜め下方向からこの星雲を見れば、リング星雲のようなドーナッツ状に見えるはずです。手前にある塵が光を遮断し、その微細な構造が人間の網膜に似ていることからこのように呼ばれています。長径は0.9光年、短径は0.25光年で、地球から1900光年のところにあります。酸素2価イオン、水素イオン、窒素1価イオンが発する蛍光に適合するフィルターを使い撮影され、それぞれ青、緑、赤の色を着けて合成してあります。

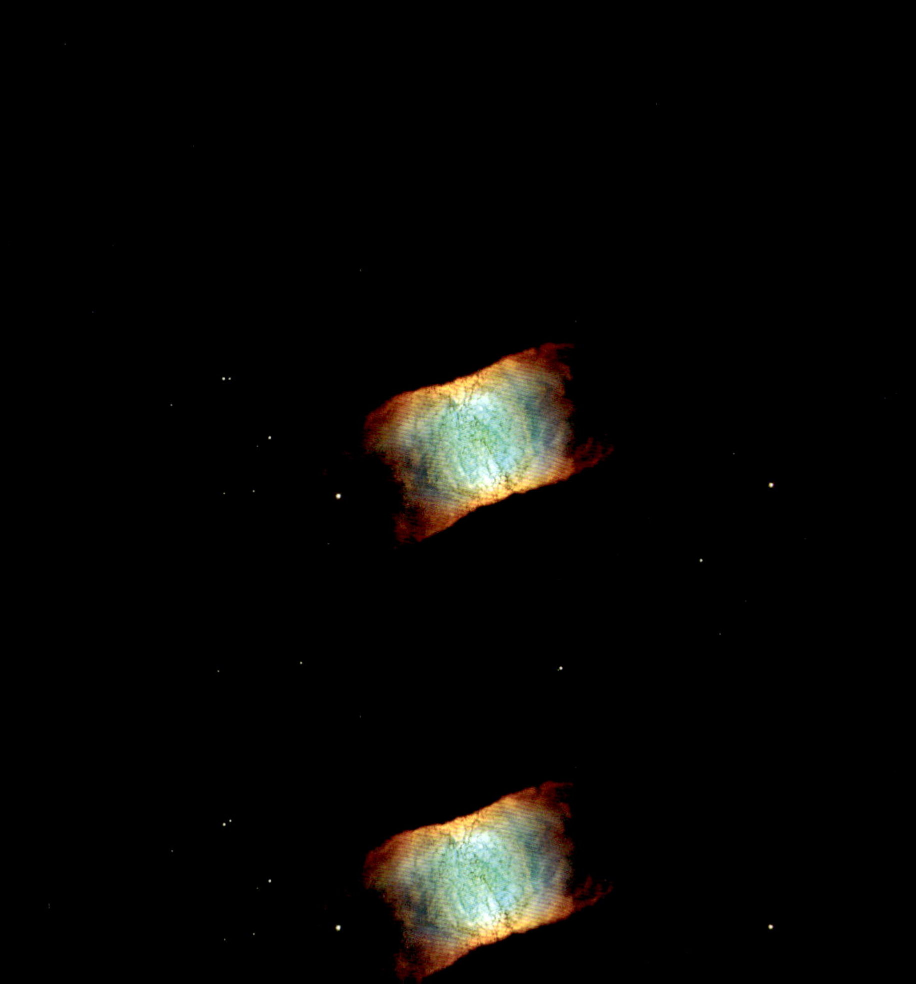

NASA and The Hubble Heritage Team (STScI/AURA)

An Old Star Gives Up the Ghost STScI-2002-25

小さな幽霊星雲（NGC6369）

へびつかい座にある惑星状星雲です。有名なS字暗黒星雲のすぐそばにあります。地球上から観測すると幽霊のようなイメージに見えることから、この愛称で親しまれています。ガスは現在でも秒速25kmの速さで膨張していて、膨張はあと1万年ほど続くと考えられています。リング構造の左右にもガス雲が認められます。赤色巨星時に、ややフライング気味で一部のガスが放出されたものなのかもしれません。大きさは1光年程度、距離は2000～5000光年と見積もられています。

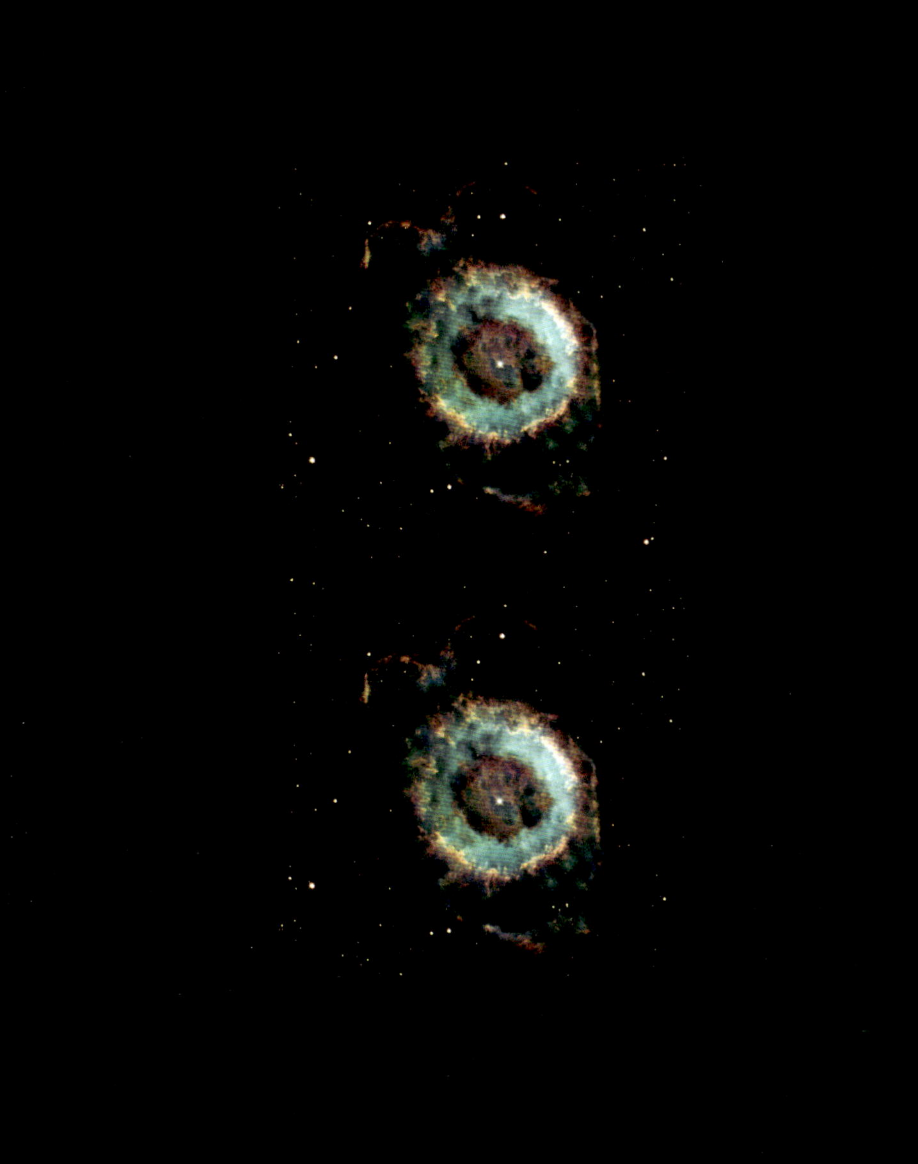

NASA, The Hubble Heritage Team (STScI/AURA)

The Glowing Eye of NGC 6751 STScI-2000-12

NGC6751

わし座にある惑星状星雲です。たんぽぽの花の形に似ていますね。数千年前に星表面からガスが飛散し始めました。現在、中心星の表面は14万度もあり、そこからの恒星風がガスを外へ向かって吹き飛ばしています。たんぽぽの形が恒星風のダイナミックな様子を良く物語っています。実際に毎秒40km ものスピードで膨張していて、数年後に再度観測すれば、形状の変化を確認できるかもしれません。現在では直径0.8光年、距離は6500光年と考えられていますが、形状変化が精密に測定されれば、これらの数値も変更されるのかもしれません。

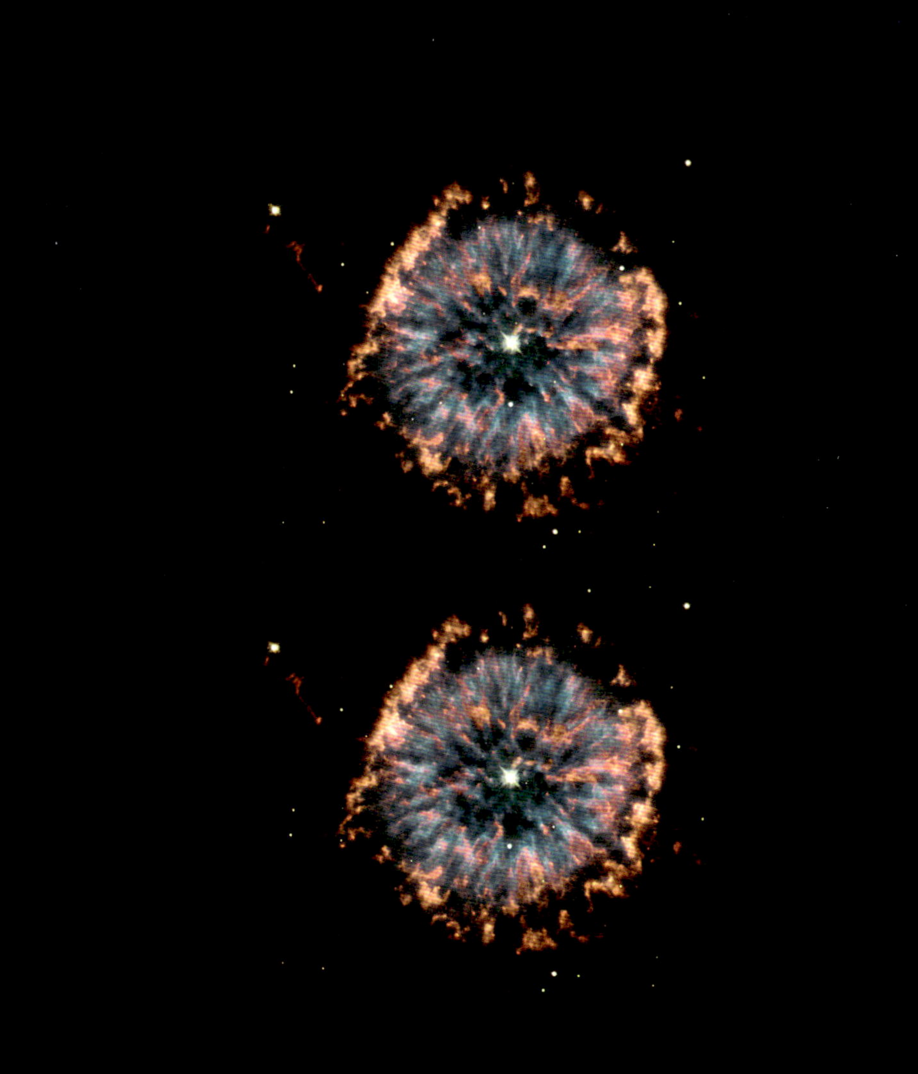

NASA, Andrew Fruchter and the ERO Team [Sylvia Baggett (STScI), Richard Hook (ST-ECF), Zoltan Levay (STScI)]

Hubble Resumes Gazing at The Heavens
By Taking a Look at The "Eskimo" Nebula STScI-2000-07

エスキモー星雲(NGC2392)

1999年にHSTを修理したのち最初に撮影した写真の一つです。ふたご座にある有名な惑星状星雲で、毛皮のパーカーを着た人の顔に似ていることからこの愛称で親しまれています。パーカー部分には彗星状天体が点在し、中心星からの恒星風が彗星の尾を長くたなびかせています。恒星風は顔の部分にも作用していて、放出された物質による泡構造がはっきりわかります。このような構造の違いは、赤色巨星段階で赤道方向に物質が集まり、リングを形成していたためと考えられています。距離は5000光年です。

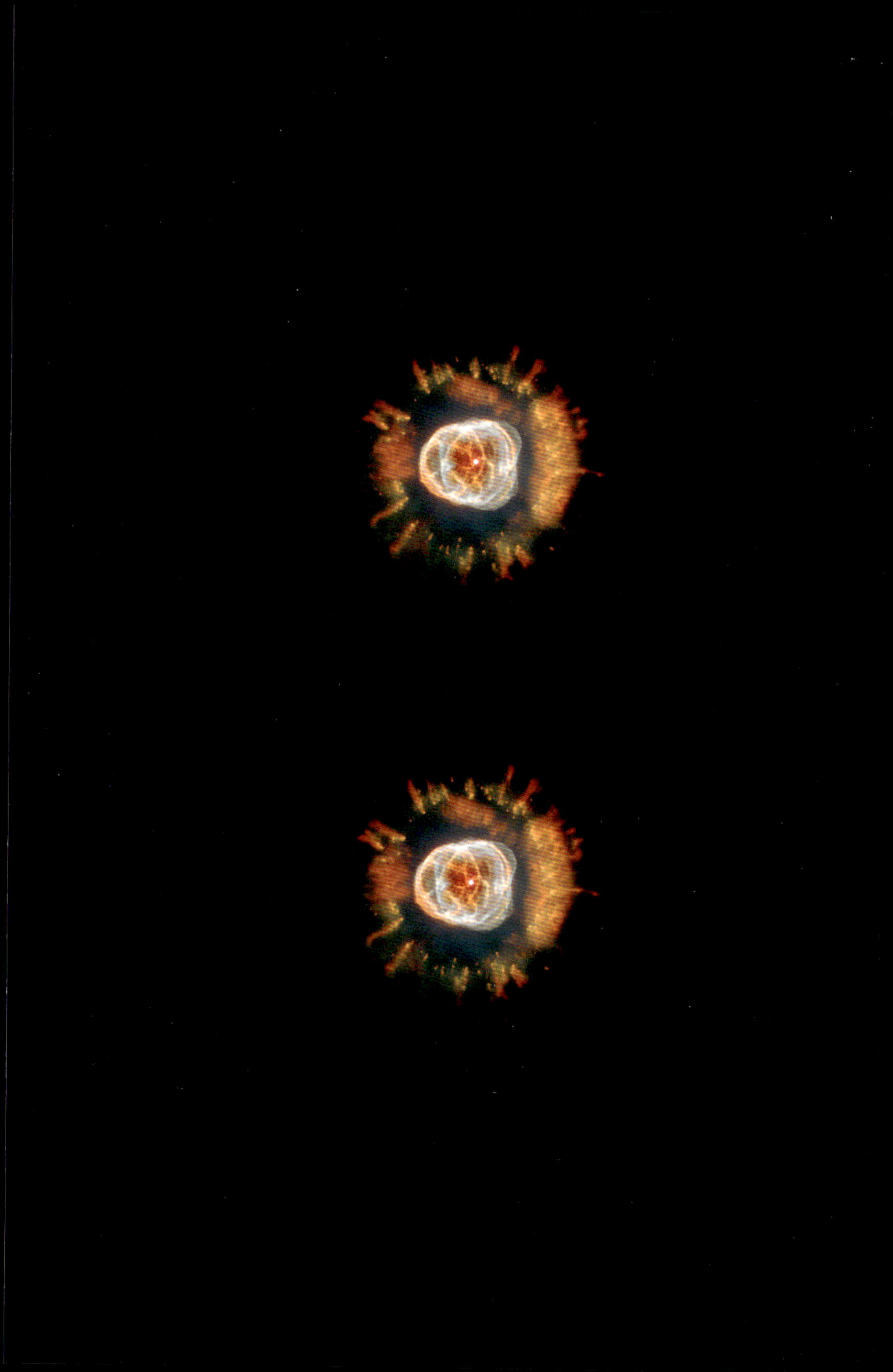

NASA and the Hubble Heritage Team (STScI/AURA)

Close-up of M27, the Dumbbell Nebula STScI-2003-06

あれい星雲（M27）中心部

こぎつね座にある、全天で最も美しい惑星状星雲の中心部です。小型の望遠鏡でも素晴らしい姿を楽しめます。全体の形が丸いビスケットの両端をかじったような形に見えることから、この愛称で親しまれています。写真の外左上方向に中心星があります。星雲内にはガス雲の塊がたくさん認められます。形状は多種多様で彗星状のものもあります。これらの雲は、イオン化した高温部分と低温部分との境界付近で形成されるそうです。写真は0.8光年の範囲をとらえています。距離は1240光年です。

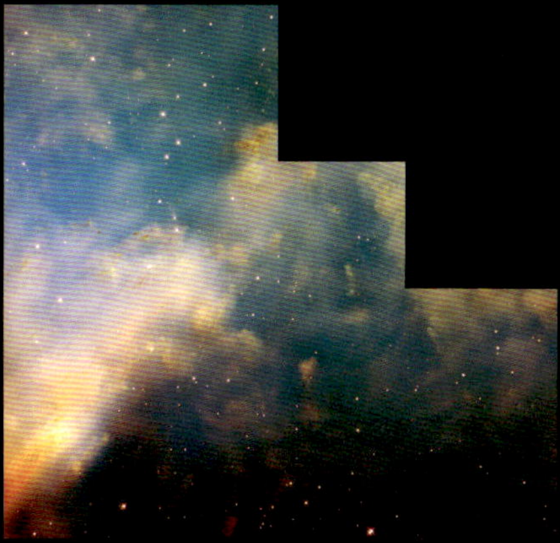

Hubble Heritage Team (AURA/STScI/NASA)

SN1987A in the Large Magellanic Cloud STScI-1999-04

超新星 1987A

1987年2月23日、大マゼラン雲の中に突如3等級の星が輝きました。超新星の出現です。HSTもその稼働初期からこの天体のホットな話題を提供し続けています。写真の中央にリングが三つ見えます。その中心にかつて太陽の20倍もある大質量星がありました。大質量星が一生の最期に中心核の崩壊を起こすと、同時に大量のニュートリノを放出することが理論上示唆されていました。そして超新星出現の日、16.8万光年の旅を終えた11個のニュートリノが、岐阜県の地下1000mに設置した水槽にその足跡を残してくれました。この贈り物は、人類が構築した超新星爆発モデルが、定量的にも矛盾のないことを教えてくれたのです。写真は150光年の範囲をとらえています。

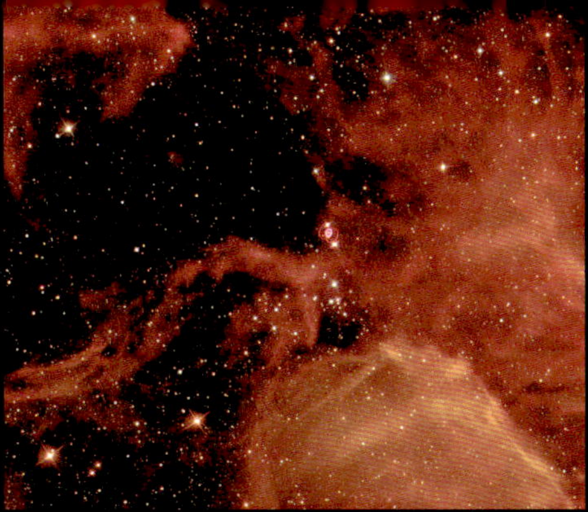

NASA, ESA, and the Hubble Heritage (STScI/AURA)-ESA/Hubble Collaboration

Cassiopeia A - The Colorful Aftermath of a Violent Stellar Death STScI-2006-30

カシオペヤ座A

約350年前にカシオペヤ座の一角、地球から約1万光年彼方で、太陽の20倍ほどの大質量星が大爆発を起こし、その一生を終えました。現在カシオペヤ座AというX線源になっていて、その周囲には非常に美しい超新星残骸が認められます。これは爆風による衝撃波が飛散物質と星間物質両方を超高温にして輝いたものです。美しいフィラメントは元素の分布も示しています。明るい緑色は酸素、赤や紫は硫黄、青は水素と窒素が豊富な部分です。

不思議なことに、この超新星が出現した記録は残っていません。きっと何らかの理由で可視光では見ることができなかったのでしょう。写真は約25光年の範囲をとらえています。

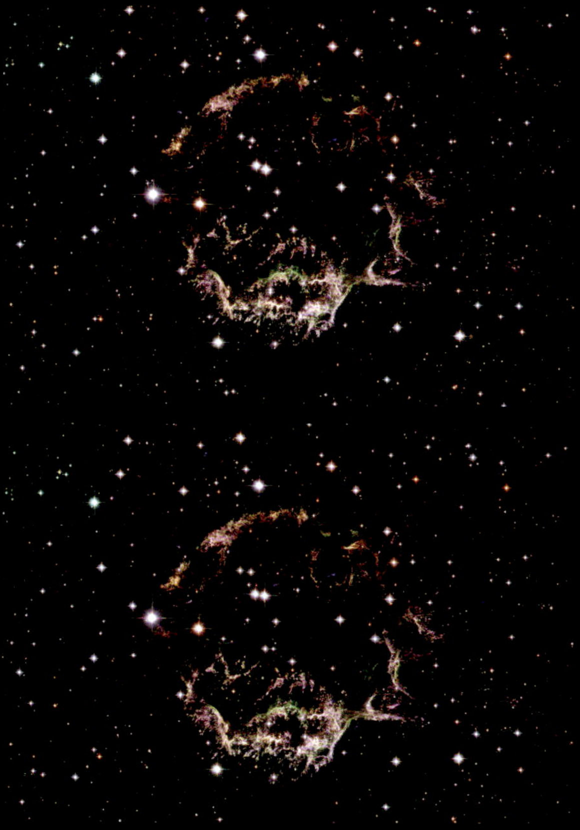

NASA and The Hubble Heritage Team (STScI/AURA)

Peering into the Heart of the Crab Nebula STScI-2000-15

かに星雲（M1）中心部

1054年、おうし座で－6等級の非常に明るい星が輝きました。太陽の10倍もの大質量星が一生を終え、超新星爆発を起こしたのです。昼間でも見えたこの星に、平安時代の人々はきっと驚いたことでしょう。現在その位置には残骸のかに星雲があり、写真はその中心部約3光年の範囲をとらえたものです。
中央やや左上で縦に並んだ二つの星の下側（奥側）が爆発後に残った中性子星で、X線を放射して周囲のガスを高温にしています。その様子は、すぐ右側に見える青緑色の弧状星雲で確認できます。距離は6500光年です。

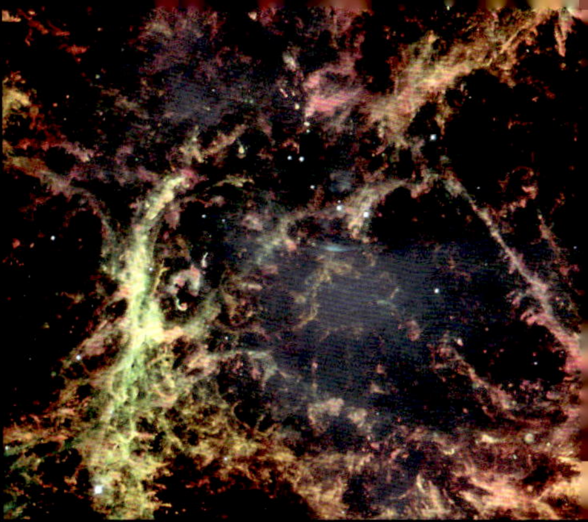

NASA and The Hubble Heritage Team (STScI/AURA)

Supernova Shock Wave Paints Cosmic Portrait STScI-2003-16

ペンシル星雲（NGC2736）

ほ座、りゅうこつ座、とも座を覆う巨大な星雲があります。ガム星雲と呼ばれる超新星残骸で、そのごく一部がペンシル星雲です。特徴的な形が名前の由来で、右から左へ移動した爆発の衝撃波が星間物質と衝突し輝いたものです。爆風の初期速度は秒速1万kmに達し、この時点では、星間物質はあまりに高温のためX線を放出します。現在では冷えて、可視光線で観測できるようになっています。この超新星は11000年前に出現し、明るさは金星の250倍にもなったと考えられています。写真は約0.8光年の範囲をとらえています。距離は815光年です。

NASA and The Hubble Heritage Team (STScI/AURA)

Celestial Fireworks STScI-2003-20

LMC-N49

大マゼラン雲中にある超新星残骸です。中心には中性子星があり、X線だけでなくガンマ線を放出していることでも注目されています。カラフルな色はそれぞれ異なる元素の存在を示しています。地球上にある重元素は、太陽のような星の内部では作ることができません。より高温・高圧環境の大質量星内部でのみ作ることができるのです。大質量星は、短い一生を惑星や生物に必要な元素の製造に費やし、超新星爆発により次の世代のためにこれらの元素を宇宙に提供してくれるのです。写真は91光年の範囲をとらえています。

NASA and The Hubble Heritage Team (STScI/AURA)

Gaseous Streamers Flutter in Stellar Breeze STScI-2002-12

N44C

核融合を終えて死んだ星でも、死んだあとに重力以外の影響を周囲にもたらすことがあります。写真は大マゼラン雲中にある巨大ガス雲で、高温の星がこの星雲にエネルギーを与えています。ところがその星の表面温度は75000度もあり、青色超巨星としても考えられないほどの高温なのです。その原因として、中性子星やブラックホールから、間欠的にX線が放射されているのではないかと考えられています。右上には、強い恒星風の影響による水色のフィラメント構造が見えます。写真は126光年の範囲をとらえています。

しし座の渦巻銀河 NGC3370
NASA, The Hubble Heritage Team and A. Riess (STScI)

銀河の進化

「なぜこんな形をしているのだろう？」
個性的で美しい銀河を見たなら、きっと誰でもこう思うことでしょう。ハッブル博士も約90年前にそう思いました。楕円銀河がつぶれて円盤に、そして腕を持ちやがてそれが広がっていく・・・博士は銀河自らが形態を変えていくと考えました。
強力な望遠鏡や新しい観測手法、そしてコンピュータシミュレーションによって、現在ではこの美しい物語は書き換えられました。銀河はけっして孤独なものではなく、互いに重力の影響を及ぼし合い、あるときは形を変えあるいは合体し進化していきます。
中心にあるブラックホールも銀河と共に成長し、もしかしたらこの宇宙は、最終的に巨大なブラックホールを持つ超大型の楕円銀河だけになってしまうのかもしれません。

Hubble Heritage Team (AURA/STScI/NASA)

Magnificent Details in a Dusty Spiral Galaxy STScI-1999-25

NGC4414

かみのけ座にある直径5.6万光年の美しい渦巻銀河です。セファイドの観測結果から6200万光年彼方にあることがわかり、同時にこれはハッブル定数の算出にも役立ちました。周辺にある青白く若い星と中心付近にある黄色の年老いた星、そして豊富なダスト雲、まさに渦巻銀河の教科書的な姿です。私たちの住んでいる天の川銀河と同様、大きな銀河との接触を受けずに成長したのでしょう。中心核の左すぐそばの腕の中に、LBVと思われる興味深い星が見つかっています。

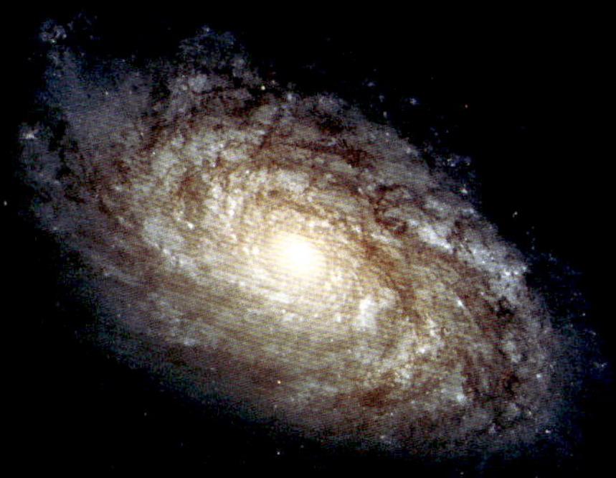

NASA and The Hubble Heritage Team (STScI/AURA)

NGC 4013: A Galaxy on the Edge STScI-2001-07

NGC4013

おおぐま座にある5500万光年彼方の渦巻銀河です。地球からは渦巻きの真横から眺めている（エッジオン）ので、このように細長く見えるのです。星の誕生の場、暗黒星雲が銀河の中央を横切っています。厚さは約500光年あります。この写真から何かを連想しませんか？　そうです！　天の川に似ていますね。地球から宇宙船に乗り、天の川銀河の中心の逆方向に10万光年ほど進むことができれば、きっとこのような光景が目に飛び込んでくるのでしょう。写真は中心付近約3.5万光年をとらえたものです。

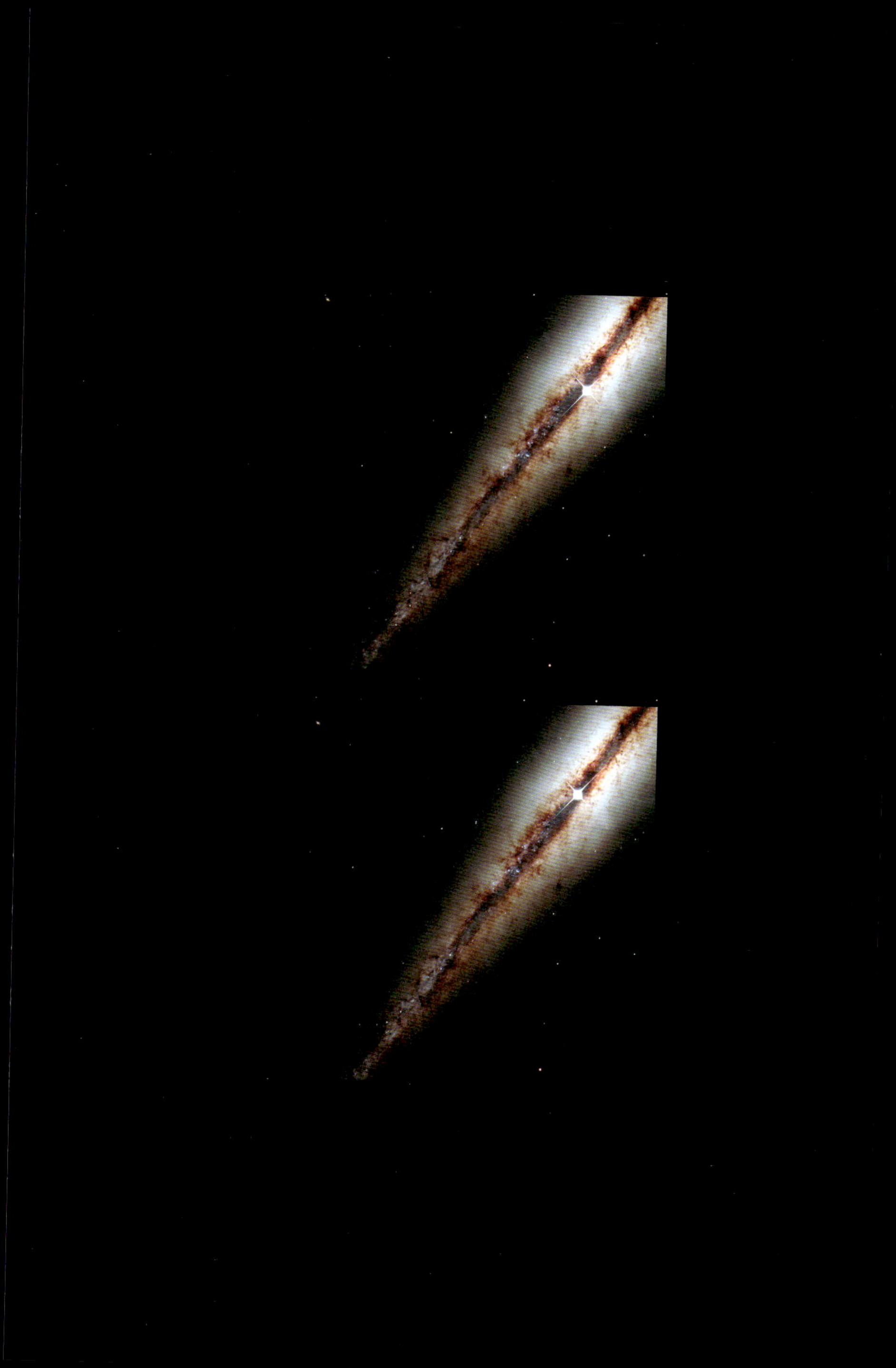

Hubble Mosaic of the Majestic Sombrero Galaxy STScI-2003-28

ソンブレロ銀河(M104)

おとめ座にある有名な銀河です。形がメキシコの帽子に似ていることからこの愛称で親しまれています。見かけの大きさは満月の1/5もあり、小さな望遠鏡でも楽しめる対象です。この写真から、直径約5万光年、質量は太陽の8000億倍と見積もられていましたが、その後の赤外線観測から、中心部(バルジと呼びます)はずっと大きく、巨大な楕円銀河に匹敵する直径と質量を持つことがわかりました。M104の真の姿は、巨大な楕円銀河の内部に円盤状構造を含んでいたのです！ 約2000個もの球状星団がある理由も、M104の神秘的な形成過程によるものなのでしょう。核からX線がでていて、太陽質量の10億倍もある超巨大ブラックホールが潜んでいます。距離は2800万光年です。

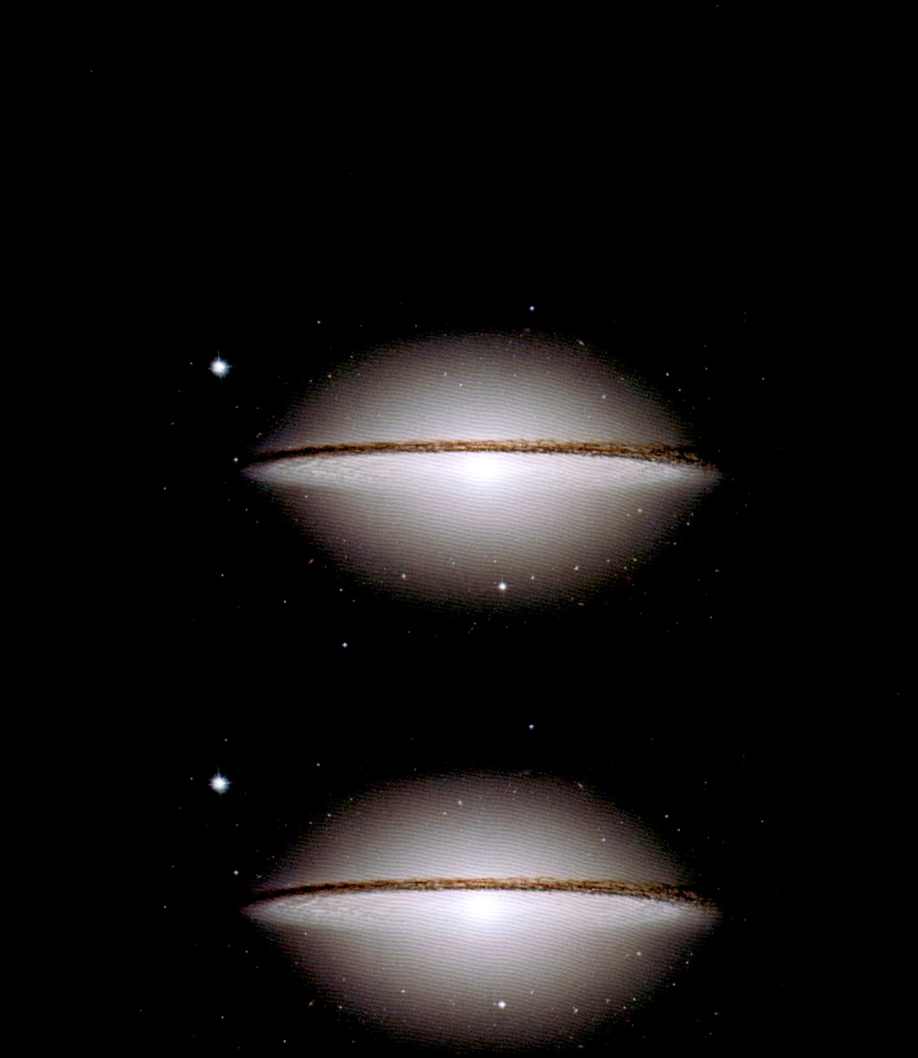

NASA, ESA, and the Hubble SM4 ERO Team

Barred Spiral Galaxy NGC 6217 STScI-2009-25

NGC6217

こぐま座にある9000万光年彼方の美しい渦巻銀河です。直径は約5.5万光年です。渦巻銀河のバルジを貫くような棒状構造があり、ハッブル博士はこのような形態の渦巻銀河を特に棒渦巻銀河と分類しました。実は、私達の住んでいる天の川銀河も棒渦巻銀河であると考えられています。巨大な星形成領域がたくさんあり、写真ではその際だった美しさが表現されています。ACSカメラの修理を終えた直後の写真で、おそらく修理に携わったすべての関係者が、この写真を見てホッとすると同時に大喜びしたことでしょう。

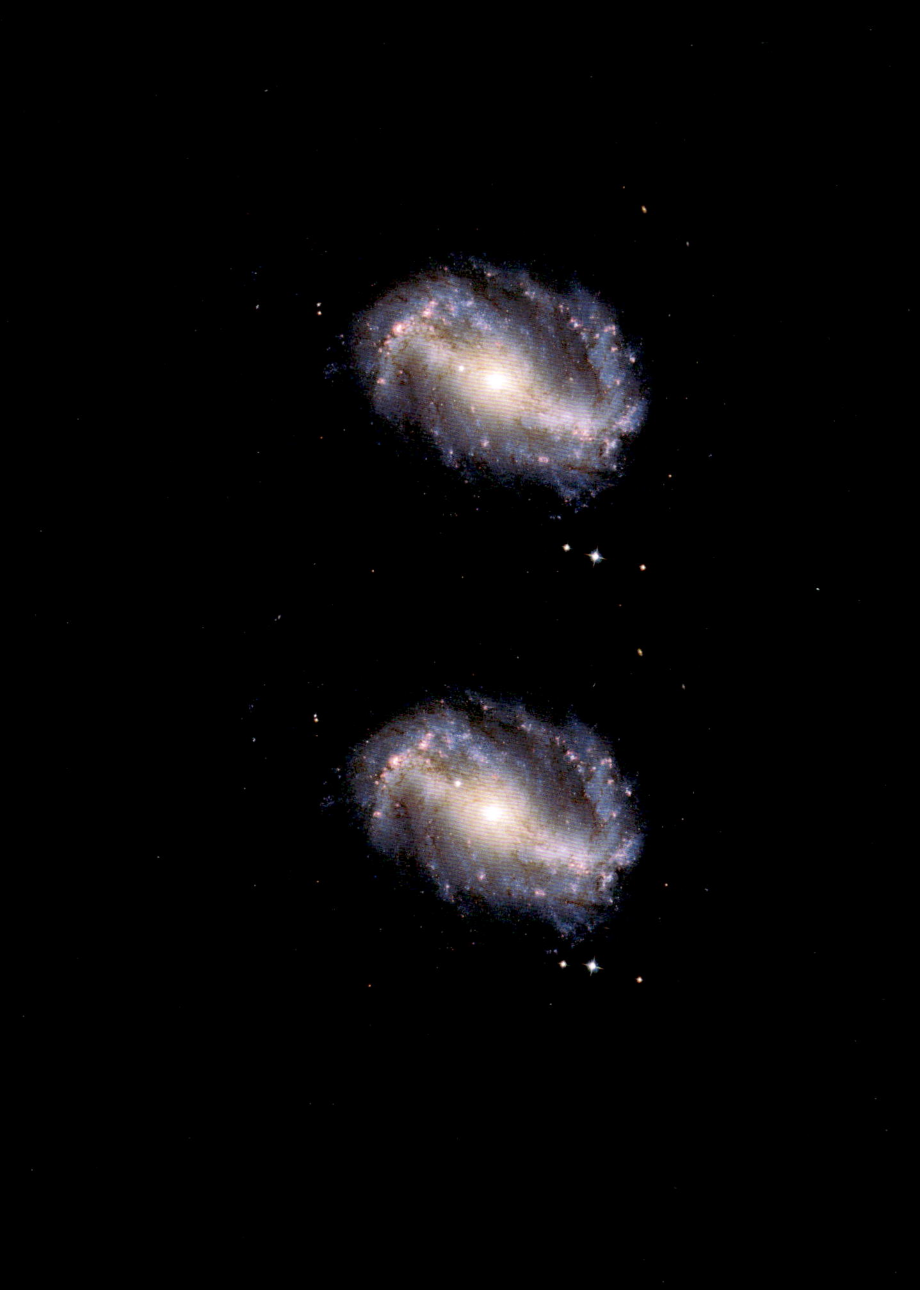

Odd Couple Widely Separated by Time and Space STScI-2002-23

NGC4319とクエーサーMarkarian205

8000万光年彼方の渦巻銀河の中心付近、約4.3万光年をとらえたものです。手前左下方には淡く銀河の腕を確認できます。中心部にある暗黒帯は、写真の外にあるNGC4291銀河との相互作用によるものと考えられています。
右上に明るい銀河があります。マルカリアン205というクエーサーで、実に10億光年も彼方にあるのです。非常に遠い銀河では、その距離を赤方偏移によって測定しますが、マルカリアン205からの光はNGC4319の中を通過するので、観測された偏移の値を補正する必要がありました。この見かけ上の親子銀河はりゅう座の一角にあります。

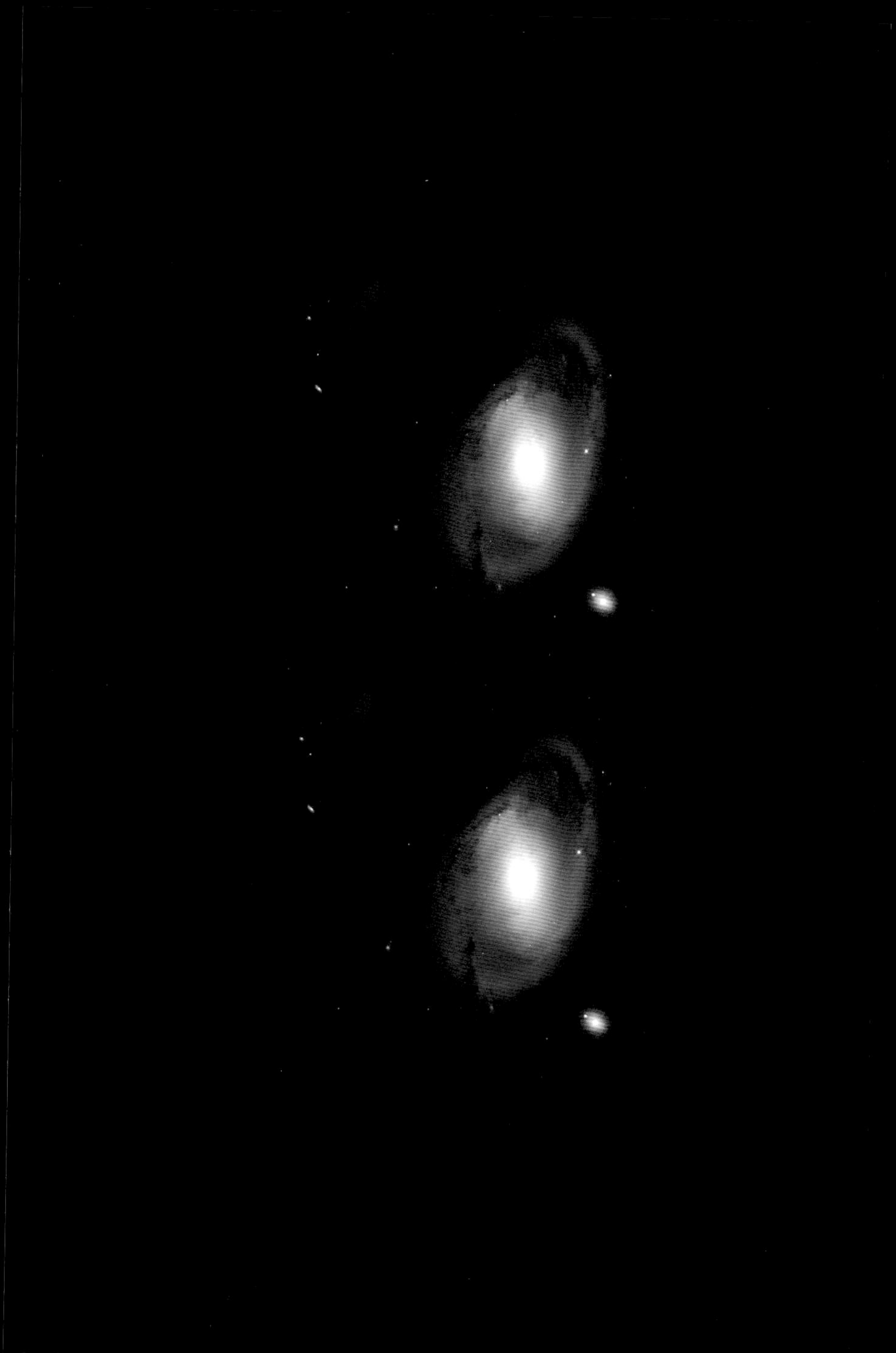

Hubble Heritage Team (STScI/AURA/NASA)

A Minuet of Galaxies STScI-1999-31

HCG87

銀河の分布には大きなムラがあって、密集した部分では重力の影響を及ぼし合い、あるときは衝突しその姿を変化させていきます。やぎ座のある4億光年彼方の銀河群Hickson Compact Group 87もその一つです。写真は17万光年の範囲をとらえていて、手前にある三つの銀河はお互いの位置を変え、宇宙空間でダンスを踊っています。やや奥にある小さな渦巻銀河は、観客なのかダンスに参加しているのかは、はっきりしていません。右にある楕円銀河HCG87Bの中心核は活発で、ブラックホールが隠れていると考えられています。

NASA and Hubble Heritage Team (STScI)

A Grazing Encounter between Two Spiral Galaxies STScI-1999-41

NGC2207とIC2163

約1億光年彼方にあるおおいぬ座の二つの渦巻銀河です。つい4000万年前に最接近し、現在お互いに離れつつあるところです。手前の大きいNGC2207は、奥にあるIC2163をすでに重力圏内にとらえていて、今後再び接近衝突を繰り返し、10億年後には一つになると考えられています。現在IC2163は、NGC2207の周りを反時計回りに回転しているそうです。両銀河の腕は長く伸びていて、特に小さいIC2163のほうでは顕著です。これは銀河同士の潮汐力によるもので、重力の影響を及ぼし合っている場合によく見られます。

NASA, ESA, and the Hubble Heritage (STScI/AURA)-ESA/Hubble Collaboration

Hubble Sees Magnetic Monster in Erupting Galaxy STScI-2008-28

NGC1275

2億3500万光年彼方、ペルセウス座銀河団の大型銀河です。暗黒帯や明るい星形成領域が見えますが、これは手前にある渦巻銀河によるもので、これが時速1000万kmのスピードで背後にある巨大な楕円銀河に衝突しつつあります。楕円銀河の中心には超巨大ブラックホールがあり、大量のエネルギーやガスが放出され強い磁場が生じています。それらの影響によってガスがフィラメント状となり銀河を越え広がっています。このフィラメント一本には太陽質量の100万倍ものガスが含まれているそうです。写真縦の長さが26万光年に相当します。

NASA, H. Ford (JHU), G. Illingworth (UCSC/LO), M.Clampin (STScI), G. Hartig (STScI), the ACS Science Team, and ESA

Hubble's Newest Camera Takes a Deep Look at Two Merging Galaxies STScI-2002-11d

マウス銀河（NGC4676）

地球から3億光年、かみのけ座にある衝突銀河です。長く伸びた尾から、この愛称で親しまれています。相互作用により高温の星がたくさん誕生し、銀河間での物質の流れも活発なようです。下からほぼ正面向きの、上からはほぼ横向きの同じ形をした渦巻銀河が出会い、すれ違った直後にこのような形状になることが計算されています。最終的には合体し、一つの楕円銀河になると考えられています。天の川銀河とアンドロメダ大銀河も数十億年後に同じ運命をたどるのかもしれません。写真は約29万光年の範囲をとらえています。

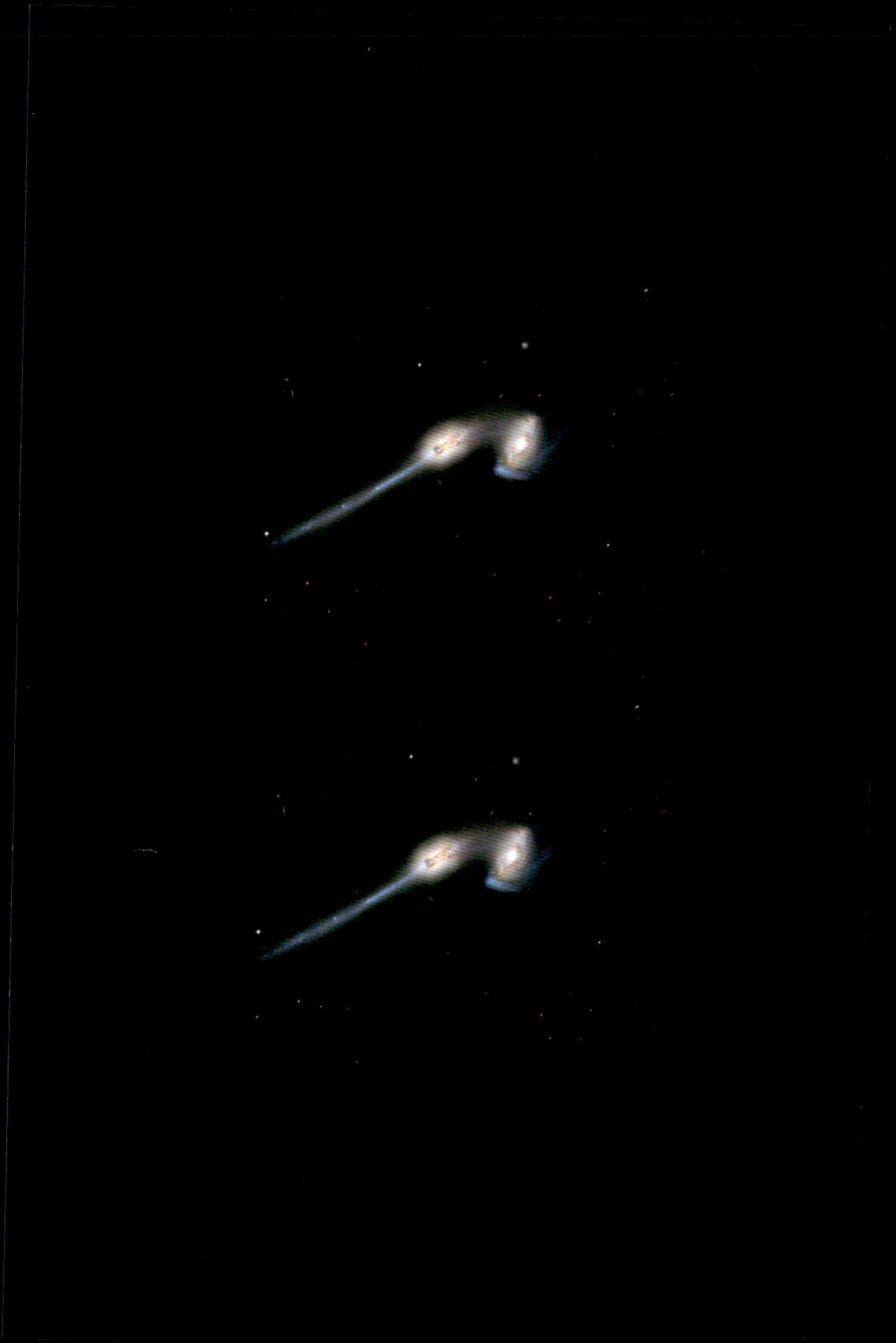

NASA, H. Ford (JHU), G. Illingworth (UCSC/LO), M.Clampin (STScI), G. Hartig (STScI), the ACS Science Team, and ESA

Faraway Galaxies Provide a Stunning "Wallpaper" Backdrop for a Runawey STScI-2002-11a

おたまじゃくし銀河(UGC10214)

りゅう座の一角、4.2億光年彼方にあるユニークな銀河です。中心核左上の奥にある青い塊が、以前に衝突し通り抜けた小銀河で、現在30万光年離れたところにあります。衝突の影響により、主銀河がおたまじゃくしのような形状になっています。渦巻の腕や長く伸びた尾には青色巨星や星団が多数誕生しています。28万光年も伸びた尾の中には、高密度な部分が二つ認められます。これらは将来、おのおの伴銀河に進化すると考えられています。ACSのイメージとして最初に公開された写真の一つですが、背後にある無数の銀河からその高性能さがわかります。

NASA and The Hubble Heritage Team (STScI/AURA)

Hubble Reveals "Backwards" Spiral Galaxy STScI-2002-03

逆回転銀河（NGC4622）

ケンタウルス座の北部、1億1100万光年彼方にある奇妙な銀河です。最周辺にある長い二つの腕から、時計と逆方向に回転していると推定できますが、実際にはその逆のようです。回転方向は、ドップラー効果による波長変化の状態とダスト雲の非対称性から推定できます。後者を明確にするためには、HSTを使わないときっと不可能なのでしょう。かつて存在していた伴銀河を主銀河が吸収した結果、このような逆回転構造になったと考えられています。写真は4.4万光年の範囲をとらえています。

Hubble Heritage Team (AURA/STScI/NASA)

Internet Voters Get Two Galaxies in One from Hubble **STScI-1999-16**

NGC4650A

逆回転銀河のすぐ東、1億3000万光年彼方の極リング銀河です。中心の楕円銀河を直径6万光年の美しいリングが垂直に囲んでいます。このリングは10億年以上前に二つの銀河が衝突した結果できたものと推定されていますが、詳細なことはまだわかっていません。このような極リング銀河は現在100個ほど見つかっています。

STScIでは、HSTが撮影する天体を一般の人々からの投票によっても決定しています。この銀河も投票で選ばれたものの一つですが、なるほどと納得できる美しさです。

NASA and The Hubble Heritage Team (STScI/AURA))

Hubble Photographs Warped Galaxy as Camera Passes Milestone STScI-2001-23

ESO 510-G13

うみへび座にあるユニークなエッジオン銀河です。中央を走る暗黒帯が二重にねじ曲げられています。接近してきた銀河を主銀河が飲み込む途中の段階を見ているため、このような構造になっていると考えられています。やがて、このねじれ構造もなくなり、普通の形に落ちつくそうです。暗黒帯周辺では青白い星が誕生しています。銀河の衝突によって重力場が変化すると、大質量で明るい星がたくさん誕生するのです。1億5000万光年彼方にあり、写真縦の長さは10.5万光年に相当します。

NASA and The Hubble Heritage Team (STScI/AURA)

A Wheel within a Wheel STScI-2002-21

Hoag's Object

へび(頭)座にある、6億光年彼方のミステリアスな銀河です。1950年にホーグが発見した天体で、1970年代に銀河であることが明らかになりました。青色巨星や若い星団で構成されるリングと、年老いた黄色の星からなる核とのコントラストが目を引きます。両者の中間にある星では、いったいどのような夜空が広がるのでしょう？　リングの外径は12万光年です。2～30億年前に別の銀河が突入してこのような構造になったという仮説がありますが、詳細は不明です。核とリングの間を通して、この「ホーグの天体」と同じような銀河が見えています。

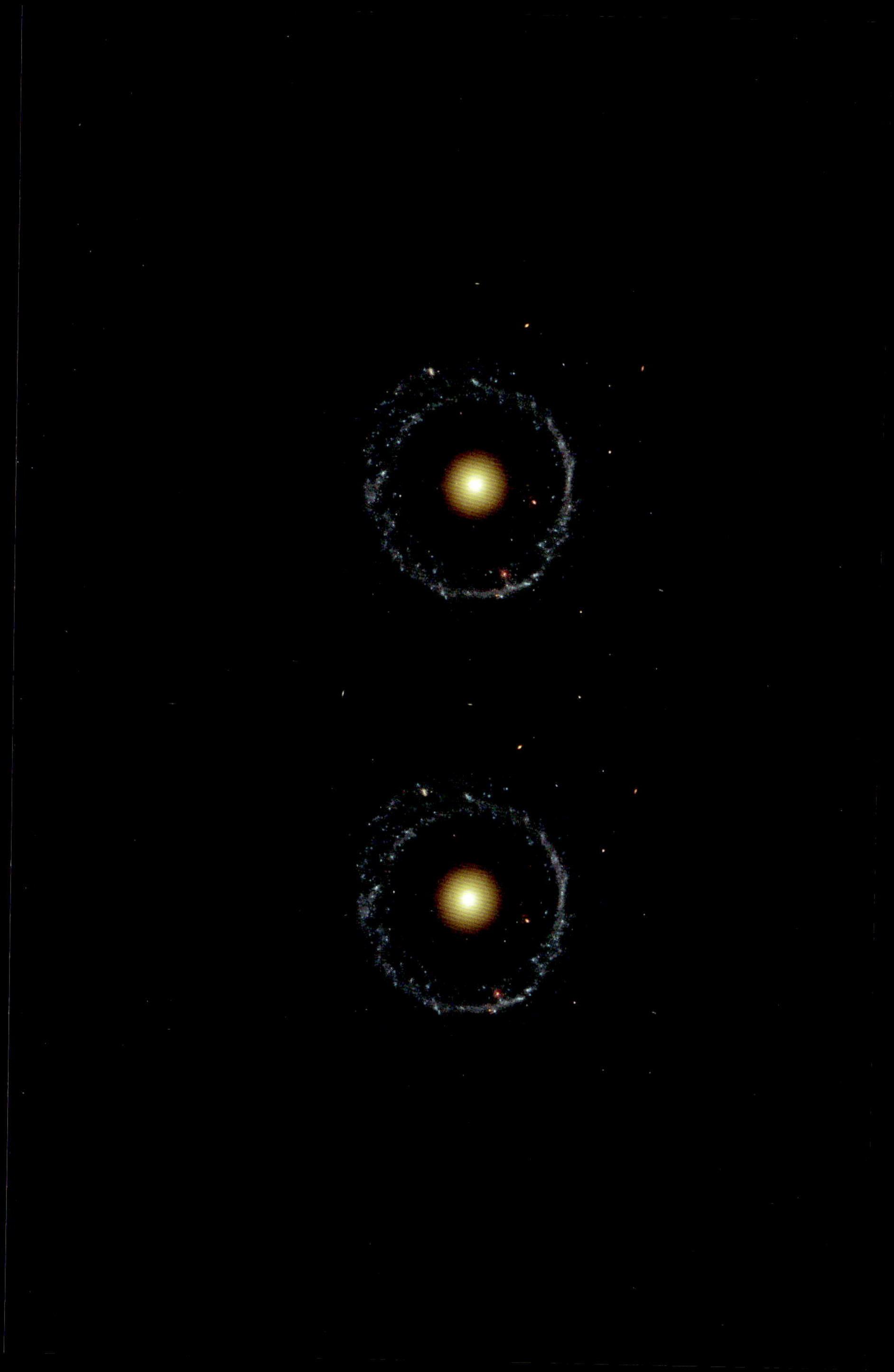

NASA and The Hubble Heritage Team (STScI/AURA)

A Cosmic Searchlight STScI-2000-20

M87

小さな望遠鏡でもはっきり見える、5000万光年彼方の銀河です。銀河の密集した場所では銀河同士の衝突が頻繁に起こり、超巨大な銀河の誕生する場合があります。おとめ座銀河団はおよそ百億年かけて、M87のようなモンスターを作ってしまいました。写真はその中心部で、太陽の質量の20億倍もある超巨大ブラックホールが潜んでいます。ブラックホール付近から、亜光速の荷電粒子が5000光年ものサーチライトを見せ、強い電磁波の長さは10万光年にも達しています。点在する球状星団は、激しい環境変化にもビクともしなかった結束力を誇示しています。

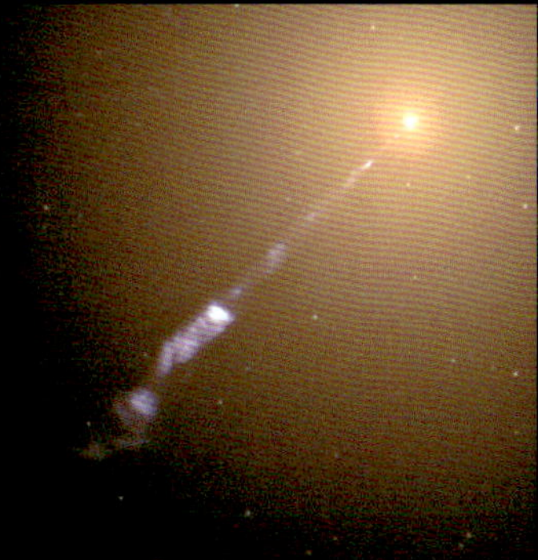

NASA, N. Benitez (JHU), T. Broadhurst (The Hebrew University), H. Ford (JHU), M. Clampin(STScI), G. Hartig (STScI), G. Illingworth (UCO/Lick Observatory), the ACS Science Team and ESA

Biggest 'Zoom Lens' in Space Takes Hubble Deeper into the Universe STScI-2003-01

Abell1689と重力レンズ

おとめ座にある22億光年彼方の銀河団です。銀河団とは狭い空間に銀河が密集しているものです。銀河一つでさえ太陽の数千億倍もの質量があるため、銀河団全体の重力は莫大で、空間が大きく歪んでしまいます。逆にこれは天文学者に素晴らしい観測機器を提供してくれます。口径200万光年もある巨大な重力レンズによる天然の望遠鏡が、背後にあるはるか遠方の銀河群を明るく拡大して見せてくれるのです。弓状に見える形状がそれで、シミュレーションにより画像を復元すれば、きっと誕生後間もない宇宙の姿がわかったり、逆に銀河団周辺にあるダークマターの分布を知ることもできるのでしょう。この写真をアインシュタイン博士に見せてあげられなかったのが残念ですね。

NASA, ESA, the Goods Team and M. Giavalisco (STScI)

The Secret Lives of Galaxies Unveiled in Deep Survey STScI-2003-18

深宇宙

おおぐま座の一角、月の面積の1/6の範囲をとらえたものです。おおぐま座は天の川から離れたところにあるので、星間物資に妨げられることなく宇宙を観測でき、この中には無数の銀河が見えています。宇宙の奥深くを観測することは銀河成長のアルバムのページをさかのぼることと同じです。その結果、宇宙誕生後10億～60億年の間に、小さな銀河同士が合体し、銀河はそのサイズを拡大し成長してきたことがわかりました。10億歳以前は？　そして生まれたときは？　…きっと人類はこの答えを求めずにはいられないのでしょう。

語句解説

Words-and-Phrases description

光年（こうねん）
光が1年間かかって進む距離で、天体までの距離を表す単位として用いられる。光は1秒間に約30万km進むので、1光年は約9.5兆km。

等級（とうきゅう）
星などの天体の明るさを表現したもので、数字が大きくなるほど暗くなる。明るさは、5等級の違いで100倍異なる。1等級の違いは、明るさにして2.51倍の違いとなる。こと座のベガ（織姫星）は0.00等級。天文学的な考察を行うためには星の絶対的な明るさを示す尺度があると便利で、天文学では、当該天体が32.6光年の距離にあると仮定した場合に想定される明るさを、絶対的な明るさを示す指標（絶対等級）としている。

大マゼラン雲（だいまぜらんうん）
天の川銀河の周りを回っている伴銀河。日本からは見えない南天のかじき座にある。星形成領域がたくさんあり、HSTにより興味深い天体がたくさん撮影されている。本書に掲載した天体の位置を図に示した（数字は掲載ページ）。

32：NGC2080
38：N30B
40：N83B
44：Hodge301
48：NGC1850
78：超新星1987A
86：LMC-N49
88：N44C

●大マゼラン雲

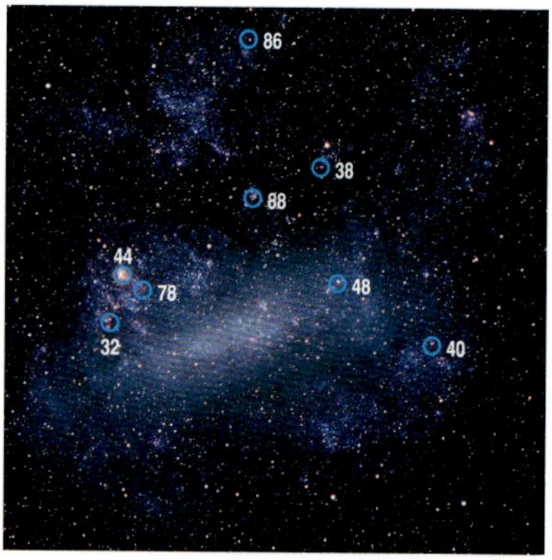

小マゼラン雲（しょうまぜらんうん）
天の川銀河の周りを回っている伴銀河。日本から見えない南天のきょしちょう座にある。大マゼラン雲に比べ小型。

連星（れんせい）
二つ以上の星が接近していて、重力の影響を及ぼし合い公転しているもの。

核融合反応（かくゆうごうはんのう）
軽元素の原子核が融合してそれより重元素になる反応。莫大なエネルギーが生みだされる。原子核を構成する中性子や陽子1個当たりの質量は原子番号により変化する。原子番号1の水素が最大で、原子番号が増加するにつれて徐々に低下し、鉄

●大小マゼラン雲

近辺で最小となる。水素原子核が融合しヘリウム原子核になると、その質量欠損(ΔM)に見合うエネルギー(ΔMC^2：Cは光速)が放出され、これが星の生みだすエネルギーとなる。太陽程度の質量の星では炭素や酸素まで、太陽の10倍以上の大質量星では最終段階の鉄まで核融合反応が進む。

スペクトル型(すぺくとるがた)

星の光を色に分けてそのパターンから分類したもの。アンタレスのような橙色の星はM型、太陽のように黄色い星はG型、リゲルのように青白い星はB型で、色の違いは星表面の温度と関係している。水素の核融合反応が安定している星(主系列星)では、スペクトル型と絶対等級との間に図(H-R図)の黄色の帯のような相関がある。生まれたばかりの星や老齢期に入った星はこの相関から大きくずれる。

●H-R図

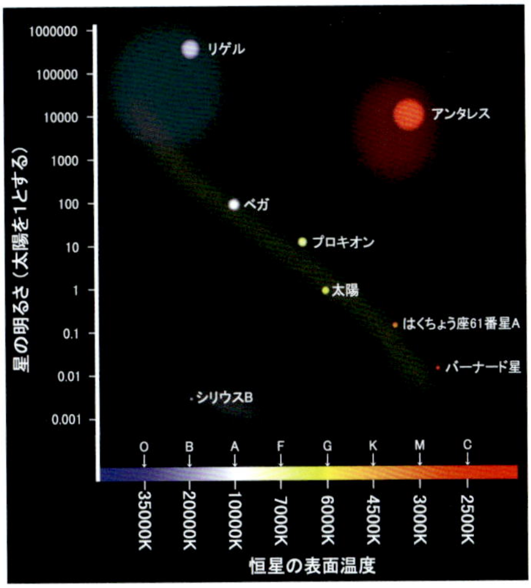

赤色巨星(せきしょくきょせい)

核融合反応が進みヘリウム核が成長すると、やがて星は膨らみ金星や地球の軌道ほどの大きさになる。同時に表面温度は低下し、星の色は橙色に変化する。この状態が赤色巨星で、H-R図上では右上の赤色の部分にある。その後さらに星が膨張し物質が飛散すれば、やがて惑星状星雲となる。

青色巨星・超巨星(あおいろきょせい・ちょうきょせい)

非常に質量が大きく表面温度の高い星。激しくエネルギーを放出するため、寿命は非常に短い。H-R図上では左上の青色の部分にある星。

白色矮星(はくしょくわいせい)

核融合反応を終えようとしている星の燃えかすで、その中心部分が残ったもの。太陽の質量の半分程度の星ではヘリウム核が、太陽程度の星では炭素や酸素の核が残り、白色矮星となる。H-R図上では左下の灰色の部分にあり、表面温度は非常に高いが時間とともに冷えていく。密度は極めて高く、地球程度の直径でも太陽の半分程度の質量となる。惑星状星雲の中心星は、典型的な白色矮星。

恒星風(こうせいふう)

恒星表面から放出される荷電粒子の流れ。時速数百万kmの速度に達し、大質量星では周辺のガスを吹き飛ばしたり変形させたりする。

■**蛍光**（けいこう）
宇宙空間にある原子に紫外線などのエネルギーを照射すると、原子中の電子がいったん高エネルギー状態になったあと、すぐ安定した低エネルギー状態に戻る。このとき放出される可視光線が蛍光で、電子のエネルギー準位が不連続であることから、蛍光はその原子特有の波長となる。

■**降着円盤**（こうちゃくえんばん）
天体の赤道面に沿って存在する円盤状物質。この円盤から、中心の天体へ物質が供給される。生まれつつある星や銀河の中心にあるブラックホール周辺などで認められる。

■**ガンマ線**（がんません）
X線よりさらに短波長（0.001～0.00001nm）の高エネルギー電磁波。

■**中性子星**（ちゅうせいしせい）
中性子でできている超高密度の星。直径20kmほどの中に、太陽の質量以上が詰め込まれている。太陽質量の10倍以上の星は、鉄の芯ができるまで核融合が進む。鉄はγ線を吸収し、中性子に変化し（光崩壊）一気に収縮する。空洞になった部分に物質が落ち込み中性子は圧縮され核になる。落ち込んだ物質は中性子核で跳ね返され、その衝撃波で星は大爆発を起こす（重力崩壊）。これがII型超新星で、残った核が中性子星となる。中性子星は高速自転し非常に強い磁場を持つ。これが原因で、中性子星はX線などの電磁波を放射する。その電磁波が地球の方向を向いたとき、パルサーとして観測される。中性子星の自転周期は徐々に大きくなり、逆にパルサーの周期から超新星爆発の時期を推定できる。

■**ブラックホール**
光までもが脱出できない重力場。周辺にある物質はすべて吸い込まれる。そのときに放射するX線などで、間接的にその存在を確認できる。超巨大質量星の最期には、中性子核すらも潰されると考えられている。その時点ではもはや重力に対抗する力はなく、星は永遠に収縮しブラックホールになると推定されている。このとき、超新星爆発を起こすかどうかについては、よくわかっていない。

■**ニュートリノ**
レプトン（軽い素粒子グループ）のうち電荷を持たないもの。核融合反応で大量に放出される。ニュートリノの観測は困難だが、光では不可能な星の中心部を観測できる可能性がある。ニュートリノの観測技術、つまりニュートリノ天文学の礎を築いたのが小柴昌俊博士を中心とするカミオカンデの研究グループだった。長い間質量の有無が議論されていたが、戸塚洋二博士、梶田隆章博士を中心とするスーパーカミオカンデの研究グループが、質量のあることを科学的に確定させた。

■**セファイド**
周期的に星の大きさが変化する脈動変光星の一つ。絶対等級と変光周期との間に相関があるため、天の川銀河内だけでなく、近くにある銀河の距離を測定するものさしになる。

■**ハッブル博士**（はっぶるはかせ）
エドウィン・ハッブル［1889-1953］
アメリカの天文学者で銀河研究の第一人者。銀河が天の川銀河のはるか遠方にある天体であることを観測により明確にした。また遠い銀河ほど大きい速度で遠ざかっている事実を発見し、膨張する宇宙モデル、ビッグバンモデルの礎を築いた。

ハッブル定数(はっぶるていすう)
ハッブル博士は、銀河の後退速度がその銀河の距離に比例すると考えた(ハッブルの法則)。その比例定数がハッブル定数。HSTはまさにハッブル定数を明確にする目的で作られた。ビッグバンモデルにハッブルの法則を適用すれば、ハッブル定数の逆数が宇宙の年齢となる。

赤方偏移(せきほうへんい)
遠ざかる天体からの光が長波長にシフトすること。ドップラー効果とほぼ同じ。波長λ《ラムダ》である特定元素のスペクトル線(輝線または吸収線)が、遠ざかる天体でλ^1にシフトして観測された場合、赤方偏移zは、

$$z = (\lambda^1 - \lambda) / \lambda$$

で定量化される。
なお、銀河の後退速度は光速に比べ無視できないほどの大きさになるため、観測された赤方偏移から後退速度を計算するためには、特殊相対性理論による補正が必要となる。これとは別に、一般相対性理論によると巨大な重力場近くでは時間の流れが遅くなる。このため巨大な重力場近くを通過する光は、観測者からは長波長側にシフトして見える(重力赤方偏移)。

重力レンズ効果(じゅうりょくれんずこうか)
一般相対性理論では重力は時間と空間の曲がりとして解釈される。電磁波は空間の最短距離を進んで来るため、大きな重力の背後にある天体からの光は重力によって曲げられ、手前の天体はあたかも宇宙空間にあるレンズと同じ効果を持つ。これを重力レンズ効果と呼ぶ。

ダークマター
宇宙に存在する質量のうち、人類が光学的に把握できないものの総称。銀河の回転速度の観測からダークマターの存在が示唆された。たとえば天の川銀河では、光学的に確認できる質量(太陽質量の数千億倍)の10倍の質量がないと、回転を定量的に説明できない。
かつては宇宙空間に漂うニュートリノや原子、惑星や中性子星、ブラックホールなども含まれると考えられていたが、現在では「原子や粒子ではないが物質のような重力作用を持つ何か」をダークマターと呼んでいるようだ。

LBV (Luminous Blue Variable)
高光度青色変光星。質量の極めて大きい青色超巨星で、星内部の光放射圧があまりに大きいため星自体が不安定で明るさも変化する。爆発を伴い一時的に非常に明るくなることもある。あれい形の軸対称な星雲を伴うことが多い。りゅうこつ座η《エータ》星が代表的な例。

クエーサー (Quasi-Stellar Radio Sources)
準恒星状電波源。通常の銀河の数百倍ものエネルギーを中心核から放射する銀河。このエネルギーは超巨大ブラックホールによるものと考えられている。

ACS (Advanced Camera for Surveys)
掃天観測用高性能カメラ。2002年3月にHSTに設置され、従来の広視野惑星カメラ2(WFPC2)の2倍の視野を持ち、同時に高感度になったため、撮影効率は10倍以上と飛躍的に性能が向上した。

■著者

伊中《いなか》 明《あきら》
1957年横浜生まれ。天体アーティスト。1996年9月、画像処理による3D天体写真を初めて発表。創作・執筆活動と並行しながら、「星のホームページ」(http://www.asahi-net.or.jp/~aq6a-ink/)を運営している。最近BABYMETALにはまり、三姫の活躍に触発されて作詞作曲を手がけるようになった。それを初音ミクに歌わせてニヤニヤしている。
著書『立体写真館① 星がとびだす星座写真』『立体写真館③ ハッブル宇宙望遠鏡でたどる果てしない宇宙の旅』(いずれも技術評論社)。

■参考資料

Hubble site	http://hubblesite.org/
the Hubble Heritage project	http://heritage.stsci.edu/
ESA／Hubble	https://www.spacetelescope.org/
Astronomy Picture of the Day	http://antwrp.gsfc.nasa.gov/apod/astropix.html
国立天文台	http://www.nao.ac.jp/
神岡宇宙素粒子研究施設	http://www-sk.icrr.u-tokyo.ac.jp/index_j.html
ウィキペディア(日本語版)	https://ja.wikipedia.org/wiki/

『Sky Catalogue 2000.0 Vol.2』(Alan Hirshfeld, Roger W.Sinnott 著　Sky Publishing,2001)
『図説 新・天体カタログ 銀河系内編』(渡部潤一著　立風書房、1994)
『銀河の育ち方』(谷口義明著　地人書館、2002)

[立体写真館②]
新装改訂版《しんそうかいていばん》
ハッブル宇宙望遠鏡《うちゅうぼうえんきょう》で見《み》る
驚異《きょうい》の宇宙《うちゅう》

2004年 3月10日　初　版　第1刷　発行
2017年12月14日　新装改訂版　第1刷　発行

著　者　伊中　明
発行者　片岡　巌
発行所　株式会社技術評論社
新宿区市谷左内町21-13
電話　03-3513-6166　書籍編集部
03-3513-6150　販売促進部
印刷／製本　大日本印刷株式会社

定価はカバーに表示してあります。

ISBN978-4-7741-9375-5 C3044

本書のご感想をお待ちしております。お手紙やFax、ホームページの「各種お問い合わせ」より書名をお書き添えの上、お寄せください。

〒162-0846
東京都新宿区市谷左内町21-13
(株)技術評論社
『ハッブル宇宙望遠鏡で見る驚異の宇宙』
感想係
Fax.03-3513-6183
ホームページ　gihyo.jp/book

装丁 ◆ APRIL FOOL Inc.
本文デザイン・DTP ◆ 高瀬美恵子(技術評論社)

cover photo ◆ いっかくじゅう座V838　NASA, ESA and H.E. Bond (STScI)／M15　ESA/Hubble & NASA／NGC1999　NASA and The Hubble Heritage Team (STScI)／馬頭星雲　NASA, ESA, and the Hubble Heritage Team (STScI/AURA)／NGC6217　NASA, ESA, and the Hubble SM4 ERO Team／エスキモー星雲　NASA, Andrew Fruchter and the ERO Team [Sylvia Baggett (STScI), Richard Hook (ST-ECF), Zoltan Levay (STScI)]